二魚文化

味蕾唱歌

愛亞

contents
目錄

味蕾之歌 69

那些舊時味 127

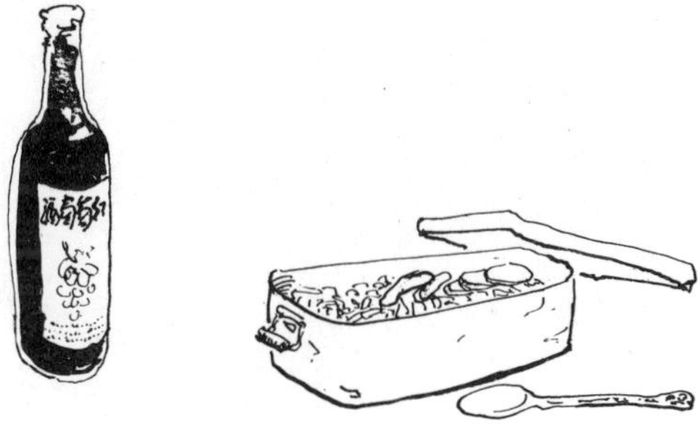

自序

母親很愛提起關於與我的初相見。

護士為初出生嬰兒洗過澡後，會以方形包被將嬰兒身體、手腳都包在包被裡，裹成只剩下一張小臉的小包袱，因為一個被角就襯在小臉後方，整體看來像隻蠟燭，稱為蠟燭包。

護士將蠟燭包的我抱給母親時，母親見到一個張著小嘴努力啃吸包被的紅咚咚小傢伙！已然把包被吮吸濕了的初出生的我，彰顯了我之所長——餓、饞、要吃。

幾個月大、一歲、兩歲、三歲，我沒有什麼聰穎表現，只是餓、饞、要吃。

三歲前，我對居住的北京略有印象；天寒地凍，大院裡泥地黃硬，樹枝空椤著沒有樹葉，穿過黑色鐵柵門，我和二姐穿紫紅布面棉袍蹣跚地隨著奶奶去巷口小鋪買核桃，我們各自撩著棉袍前擺兜幾個核桃一步步回家。另一樁是奶奶蒸了紅豆餡的麵佛手，放在大盆裡大桌上待涼，我走過，身高只夠露出盆面一層的佛手，於是，那一層好多個麵佛手都變做空心，紅豆餡都被某人摳走吃淨了。

這樣的人一路成長一路好吃很正常吧？吃任何東西都能吃出心得吃出道理也很正常吧！

唸小學時便四處逛小菜場，城裡的逛完走鄉下去，做家庭主婦時逛，不做家庭主婦也逛，當逛小菜場是日常功課。

許多人旅行、遊走、晃蕩時以景像、色彩、聲音為記錄，而我另外要加上嗅覺與味覺，否則便會感到不完美。

我不是愛寫吃食，是無意之間發現自己竟然寫了七、八篇，十七、十八篇，二十七、二十八篇……怎麼都在說吃啊……

就出一本食書吧！

就，有了這一本《味蕾唱歌》。

我們一起，讓我們的味蕾唱歌吧！

吃及吃之雜

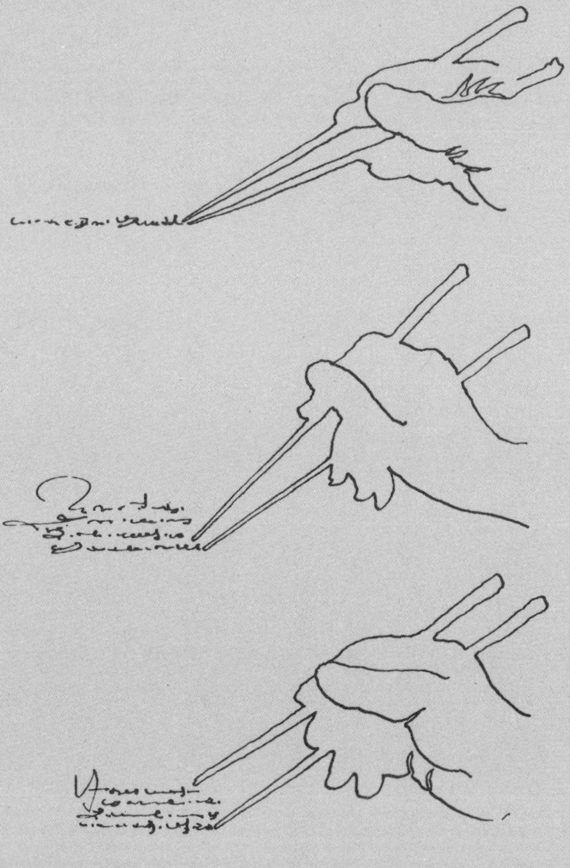

大隱

我是那樣地喜歡市場。

不是書店，不是餐廳，不是戲院，不是公園，不是百貨公司……這些地方我也喜歡，但不是「那樣地喜歡」。

好吃的人都喜歡自已燒菜吧，自己燒菜的人哪容得下別人採買呢！因此我喜歡市場？

小時候少有玩具少有遊戲場，每次獲准跟隨母親去小菜市買菜，眼看那樣多蔬果那樣多色彩那樣多蹦著跳著的雞鴨蝦魚，覺得好玩有趣一如逛了遊戲場。這樣的記憶讓我喜歡市場？

二十歲便做了小妻子，不到三十歲便有了三個孩子，那時經濟不寬裕、家務繁雜、欠缺娛樂、少有朋友，無處可逃的我只有「去買菜」才能暫時丟下一切責任，這使我不得不習慣性地喜歡市場？

我並不是那樣清楚，但我知道，我不喜歡租錄影帶DVD，不喜歡和人煲電話粥，不喜歡到鄰居、朋友家串門子，不喜歡逛街這樣買那樣買，當我讀書累了眼寫作疲了腦子又不想面對家中這裡的灰那裡的亂……我就去市場！

早晨，傳統菜市場是一個馬戲團，各路人馬都來了，把世間美麗色彩都用盡的蔬菜水果鋪排著，蔬菜水果之間又夾雜了帽子毛巾，魚丸天婦羅，鉛筆講義夾，伏苓膏芋頭翹，拖鞋皮鞋太陽眼鏡……這邊，標榜賣的是「本地大黑」，哦，是黑毛豬啦，瞧瞧那肉紋肌理的漂亮。那邊，關西仙草竹山番薯三芝茭白筍，有機豆腐非基因豆腐鹽滷豆腐。還有當街烹香菇魚翅羹的，火爐上架著巨大蒸籠蒸著燒賣馬拉糕的，潑拉一下子一隻蝦子幾乎蹦貼到你臉上，所以也不必懷疑差點砸到你腳上的是活生生的吳郭魚。這是人極多的小市場，當周六周日人更多更多，許多外地人都跑了來。因此買菜的買菜賣菜的賣菜，聊天的聊天罵俏的罵俏，人在人前在人後在人左在人右——人是那樣的多，能夠讓人專心又讓人分心的事物那樣多——以致，我可以隨意穿著臉不化妝趿雙舊鞋，也可以壞情緒地寒著臉皺著眉，或由菜街的這一頭紅著鼻子溼著眼到菜街的那一頭。我想自己的心事，又將自己的心事加上菜加上肉加上點心加上大蒜和嫩薑花椒料酒，沒有人關心沒有人在乎甚至沒有人發現——我自己生氣或傷心或漸漸不想再生氣不想再傷心不再覺委屈不再覺有怨懟的必要！只看到兩邊各賣各樣的攤鋪擠著窄窄的街路，而窄窄的街路又擠滿了太太媽媽先生阿嬤男人女士們。哇我以為是現場炒花生米，結果是現場榨芝麻醬！瞧芝麻粒從上面倒進去，土黃色的麻醬就稠稠地由榨出口擠了出來，半條小菜市的街道都給薰沾上芝麻香。賣雪裡蕻醃菜的攤旁是賣內衣褲的，男老闆把蕾絲胸罩套在頭上，為什麼凡賣胸罩男老闆都這樣打扮？「姐啊——我幫妳染一下頭髮。」一搭棚賣染髮膏的妹妹那聲「姐」喊得好聽呢！我在阿嬸的菜簍裡撿了三樣菜——地瓜葉、有蟲洞洞的青江和長得歪扭扭的四季豆，她自己種的。另一個賣自己菜的阿婆已不再出現，問用腳踏車載她來一起賣菜的阿公，阿公木木地說「她死掉囉！」沒有太久，阿公也不再出現……

我也在小菜場收市之後去大超市，那是另一處天堂，每一樣東西常都有一種兩種甚至三種四種選擇，我習慣在超市買包裝好的物品，盒子罐頭塑膠袋紙包裝，材質產地重量保存期限用法用量清清楚楚，什麼奇怪好玩遙遠地區特殊民族沒聽過的物事都買得到！我常徜徉超市之中，真真是樂不思家。而且，超市中人的臉人的眼人的氣息更涼更冷，任何人都可以眼看貨品而看不到任何人。超市更佔優勢的地方是隨時甚至二十四小時，肚子餓，寂寞孤單，睡不著覺，腦子渾沌，不想在家，或者怨氣沖天……舉凡都市病一旦犯了，便向超市走去。自己一人在家有危險及不確定性，可是翻看電話本或姆指在手機上這樣撳那樣鍵，沒有人可堪在無趣時有什麼責任帶有趣給你！便，不搭任何人情地，自己去超市以小錢換購些安定、平靜、快樂、隨性回家享用去了，甚而空著手歸去也無什麼要緊，因為心中腦裡已經轉換成另一種思維了。

我十八歲開始由臺北縣搬到臺北市生活，那是四十多年前呢！但那時臺北市便已患有都市冷涼症了，我曾告誡自己做一個熱情臺北人，可曾幾何時不但我也招了冷涼，自己已頗有都市人的城味了。

只好說：幸而臺北小菜場多超市也多，病了還有這麼個藏所……

真的！幸而還有這麼個藏所呵……

深澤豆腐

老闆在幫我撈豆腐。

滷豆腐鍋是典型的那種鋼盆，似乎自助餐店裡滷豆腐都是以盆代鍋，小火溫炙著的湯汁久久會突然咕嘟一下冒出一個泡泡，豆腐鍋像一潭山裡的深澤。

每一方豆腐都已染上了深褐色的滷汁，都是具備了美味的可食臉孔，但撈杓略過它們往深裡去，老闆撈置小碟中的一小方因為滷得太久而被時間抽縮了水分的「老豆腐」。

真是老豆腐！顏色和其他豆腐家族都不和了！它幾乎濃黑色，和豆乾或其他豆腐的黑中帶咖啡色的亮不同，沒有一絲光澤，烏烏一塊。

是聽聞已久的「老豆腐」，從來沒有吃過，連見都沒見過。筷箸壓住豆腐正中，豆腐分裂為二，那內層的豆腐肉全是充滿了孔洞蜂巢般的有著湯汁的黑色。

真的是老豆腐！

聽說有的老豆腐能在滷水裡睡上十天半月甚至一個月！

老闆覺得我像不凡的顧客而特別的招待一下的吧！

就如同我也感受到他的不普通？

最先我討厭地橫阻在他的店門口，那種敞開整個店並沒有門的小餐店，門口走廊上擺著店老闆也能瞟一眼的給客人觀賞的電視機，我因看著倫敦爆炸案的「蒙面膜女人」的新聞而發了呆，於是我突然驚覺那一雙大而銳利的不友善的眼睛。

然後我看到店前盤中靜置的一群十幾盤辣椒小魚，一盤醃黃瓜，一盤肉鬆。

是也賣早餐和夜消的店。

向裡邊擺置的鹹魚、滷蛋、青菜盤再望一眼時和老闆兇凜的眼神又交會了一次。

明白了，那是「大哥之眼」或說「黑社會之眼」！我在監獄中帶寫作班的學生或葬禮中遇到的「黑衣人」或電視新聞裡的某些新聞人物臉上接觸過這樣的眼睛！特別亮的黑瞳仁和特別寒的眼白部分，望向人時如同射出一股冷光！也永遠沒有笑容！只充滿了警覺。

要速速脫逃還是入店去吃飯？

店實在太小！半爿菜檯半爿放幾張小桌就擠得很了！連走廊上違規擺的桌凳也不過六、七張小桌，對環境覺得陌生的臺北客猶豫，衛生情況還好嗎？

老闆將豆腐端放朝向電視最好的位置的桌，繼續來了我愛的茄子、青菜、一尾小吳郭以及竹筍湯，其他的菜都及格，唯獨這老豆腐，它的好該得幾分呢？

忙於幾乎滿座的客人，老闆穿梭在菜檯、電話、手機和客人之間，極短的三分頭，質料剪裁都很不錯的短袖襯衫，大而垮的流行七分褲，叉叉拖鞋、手指、腳趾都潔淨，這，應該是「退除役」的江湖人。四十歲麼？那另一個端碟取菜也寒著臉的女子如是他妻嫌老，或是姊姊？終於盼得親人自黑道上退除役，臉上還不習慣祛除恐懼與失望吧？

老豆腐入口有些乾硬，但舌齒一碰豆腐便綿碎了，多麼奇怪的感覺，豆腐又軟又硬又硬又軟，吞入喉管之後餘下的渣渣在口腔中立時讓口腔明白那是不熟悉的食物！由於滷得太久而略略嫌鹹，味道略重，但又重得不逾分，我一小塊一小點地將豆腐都吃盡吃淨。

付帳時竟然不得一百元！

我向老闆讚好吃。

那大兇眼睛突地一柔，聲音都軟調了，他說：「以後要再來。」

他知道他的豆腐遇到了知音，他知道。

是不是這樣的知音的感覺讓他甘心於並不為「賺錢」這兩字而忙碌於這樣的小小的店呢？

◆後來再去臺南，人在成大附近這樣走那樣找，終於沒有尋到深澤豆腐。
哎，好吃得咬舌咬腮肉的深澤豆腐哇！

食譜是什麼東西

聽過有人戒菸戒酒，也聽過有人戒大肉戒巧克力，戒冰淇淋戒牛油的也有，但戒購食譜，幹嘛呢？

很認真地戒購食譜的人的確有，我啦，我啦！

食譜需戒購當然專指好的食譜，那種說明文字簡潔易懂，食物烹製絕不麻煩，彩色印刷吸引人眼與舌，試做之後容易成功並普受好評……這種好食譜通常與好吃好吃，好吃就多吃，多吃就多肥，多肥就多醜，多醜就身體壞心情壞……有絕對關係！

吃東西是一樁美事，愛吃東西是一樁美德，試想人在製作及品嘗美食的過程中，一副神

閒氣定心美人和！但，為什麼別人無恙，我每美食必胖？

原先愛購食譜的習慣養成於孩子幼時，養幾隻小瘦人是艱難的工作，照食譜有樣學樣很幫了我的忙，後來「帶便當」成為每日最重要功課，沒有食譜我便成了沒有黑色高帽子的魔術師！那還得了？以致咬著牙一再買比食物貴許多倍的食譜書！同時，食譜也是家中客來時我的救命主，似乎人人都明白，番茄炒蛋是「救急菜」，但依食譜書調出的味才是待客之道，只是餐桌上頻頻讚好的來客並不知出菜之前拙婦還在廚房頻頻唸叨：黃酒一大匙半、蠔油先鍋中略炒過，蝦仁先在水龍下沖水淘洗三分鐘，瀝乾後大火炒時口中由一唸到七，七下盛盤……

後來丈夫病了，我們醫療之外採用飲食療法，初時不油不鹽少熟食多生吃，食物極盡原始的粗，我陪著吃了三個月，後來他病情穩定，改為少油少鹽的粗食，我便開始將食譜書送出家門了，再過了一陣，我漸漸又吃肉吃魚，也漸漸又一本一本食譜書入門，不過大多並不入廚，我常吃的東西都極簡單，有時得在半小時內變出菜與飯來，有番茄炒蛋便是美味，食譜成了觀賞用。

但仍然愛食譜，買食譜書，所謂「觀賞用」並非觀賞書的外貌，而是光讀不練，一頁一頁仔細地閱文賞圖，有時把美編罵上一罵，因為彩色照片不錯，美編處理欠佳，讓好菜顯不出好吃的模樣！有時，嗯，是常常哩！吃著泡麵或什麼雜菜燴飯之類回鍋的東西，眼中賞著「脆皮香鵝」、「麥年鰈魚」、「蔭豉肉餅」……的烹製文字及美麗圖片，終於，我也明白我以為我吃的是泡麵、燴飯，實則我吃的是香鵝、鰈魚及肉餅，竟然，讀食譜書也將我讀胖！

後來便少買食譜書了，因為恨之，暗問：食譜是什麼東西？敢讓我致胖！絕不再買！現在我都叫朋友贈送食譜書給我，我是絕不再買了！

◆做了資深國民之後生活愈趨簡單，廚藝也愈趨空靈，（用空靈二字真有些那個！）常常吃什麼不是依食譜而是依冰箱儲了什麼；香蕉可以跑蛋，高麗菜可以拌麻醬，豆腐乾更可以百配，切點蒜片小油邊邊可以炒任何青菜。我最常吃的則是冷凍水餃（手擀皮大餃餡看著店家洗菜）麻醬麵（不Q的陽春麵加菜場手工麻醬）蛋炒飯（真正蛋炒飯連葱花都不准進來）。
食譜是供觀看用，還是愛的。
嗯，是的，偶時會在外吃大菜！

旅行之食

旅行時若味覺得不到重視與慰安，伴隨而來的怕不只是沮喪吧！

衣、食、住、行俱是一個國家、一個民族、一個地區、一個社會的文化宣示，內裡包含了歷史、地理、經濟、風俗、習慣……尤其食物，不親自舌嘗唇品，哪裡能令旅者心甘？相對於攜帶成箱泡麵出國，並認真執行「最少日食一包」的人，我真是有太好的胃口及太佳的福氣！不同的食物是旅行中忒大的造化啊！

旅行之吃包括「吃驚」！即使非味美，有了吃驚也算一得！出發前蒐尋資訊按圖索驥可以嘗受美味之驚，但隨遇而安誤打誤撞獲得的樂趣或許會更多。

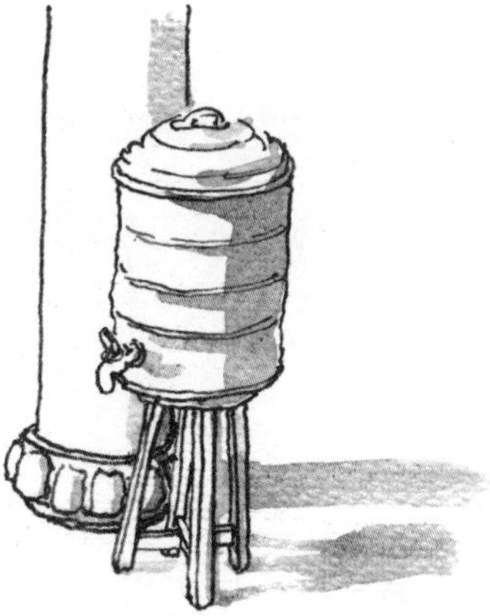

第一次赴法，曾短時跟過旅行團，導遊得意地報告：不論城區或鄉村，他都盡量安排大家吃中國餐廳！我驚得口齒張開，詫不成言！而別的同團夥伴竟然歡聲雷動，鼓掌連連！不過因此接觸了鼎鼎大名的西方國家裡的「中國餐館」，也算收穫！想想，多少小說、電影裡都有茹苦含辛在中國餐館裡為生命與生活拚鬥掙扎的華人！值得一探。

其實沒什麼好看。舊金山、休士頓、里昂、巴黎、馬德里、巴塞隆納，中國餐館如出一轍，大餐廳規模、裝潢和臺灣的大餐廳類近，小餐館則和臺灣的小餐館相當，牆上有不高明的水墨字畫，漆金塗紅的雕龍塑鳳或大圓柱子，廚房邊上有不鏽鋼甚或白鐵的圓柱形茶桶，水龍頭扭開的那種。另外，靠某一面的白壁一定有桌，桌上大堆溼毛巾捲或塑膠袋紙巾，桌下則堆疊瓦楞紙箱，新新舊舊，半新半舊，一應俱全，真令人「賓至如歸」！

法國波爾多，產葡萄酒的好地！吃中國菜，中、法文並列的菜單上有「雜碎」二字，呀！終於可以知道這風靡西方的「中國菜」長得什麼模樣，需自己付費的這餐，我興奮地點了雜碎與一盤「什錦蔬菜」。

雜碎來了！白瓷盤上白白花花一團：綠豆芽、大白菜切條、幾根肉絲、爛乎乎黏連的冬粉，真夠雜碎！我的食單中不曾有過如此組合！不過開了眼界，開心地吃光。然後！什錦蔬菜來了，你知道是怎樣的蔬菜什錦起來？綠豆芽、大白菜切條、幾根肉絲、爛乎乎黏連的冬粉，和雜碎一模一樣！以為夥計錯送，問他，滑溜的北京官話：「沒錯！」為什麼和雜碎一個樣子？「我們店裡多少年都這麼賣！」好傢伙！剛才點菜為什麼不先告訴我？「我尋思妳愛吃麼！」斜眼看看我，晃晃晃走了。

早聽說了，大陸許多留學生到國外發現開餐館賺錢，狠心書本一丟，先賺了再說，一年二年三四年，變成黑戶，再也回不到學校，不過魂魄仍是他故鄉的，連愚弄客人的方式語氣都和大陸的一般。法國飛機造得好，這些餐館夥計弄不好是學航空器的，也或許，我是讓個曾經是藝術天才的中國人給欺戲了？

當然溫馨事也多。

有次在香港，天星碼頭邊巷入夜出現一個水果小攤，刨皮的荸薺好大的個兒，老太太向我比畫著：「馬蹄，馬蹄。」不料甜香汁多好吃極，於是每晚買一包，才五元港紙，有天路過，攤上荸薺皮都沒，我失望地想走離，老太太笑咪咪向我招手，口中「馬蹄，馬蹄」。由攤底摸出一包馬蹄來，又抑揚頓挫一大串廣東話。聽懂一些，「妳今天來晚了，我給妳留了一包。」又指手錶，又比方向，又指攤下。回臺時沒有向老太太辭行心甚懸念，她會不會又為我留一包馬蹄？說給朋友聽，朋友給我一句「神經多情」！

神經多情沒什麼不好。在峇里島的烏布(Ubud)初嘗印尼沙拉「加多加多」(Gadogado)，愛得不得了，有次吃到滋味特級，忙忙向老闆讚了幾句，是個峇里島少見的不通英語的男子，不過生意人畢竟聰明，他十分優雅地向我深深一鞠躬，兩手扶腿前，不但日本式，還來一句「阿里阿多」，我說不是日本人都沒用。後來再經他店，遠遠便向我阿里阿多，我便也當街彎腰，戲劇感十足地手扶腿前，如他一般，也虔敬地一句「阿里阿多」。

◆旅行，在異地異鄉遇見：

「蛋中雞雛」(連殼雞蛋中未孵好卻已成形的小雞)不吃。

「蹦蹦跳」(一串竹籤插兩三隻青蛙烤好)不吃。

「髮菜」(造成大陸沙塵暴連帶臺灣人都受害的肺、氣喘病殺手)不吃。

「魚翅」(華人最愛，砍下鯊翅卻將鯊魚殘暴丟棄海中活活死去)不吃。

「燕窩」(不論野生或人工飼養燕子，都是奪取燕子的家來吃，燕子啣小魚、雜草、自己的羽毛再用自己的口水砌合一個窩即成燕窩，家被奪只好再築巢，一再築一再被奪家，最後吐的口水已傷及喉管吐出血來稱之血燕，被稱最補)不吃。

奮起湖哇莎必

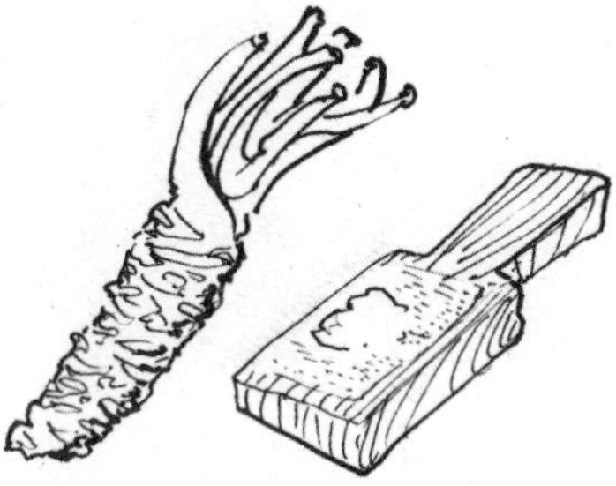

「沙魚煙好嗎？我們有自己做的醬油和哇莎必！」

不吃沙魚，但自己做的醬油和哇莎必？

「白斬雞也很好吃，蘸自己做的醬油和哇莎必！」

如果我點皮蛋拌豆腐，是不是也可以有自己做的醬油和哇莎必？

皮蛋拌豆腐、虱目魚湯、燙番薯葉，老闆娘給了我一碟醬油、一碟桔醬、一碟哇莎必。

箸頭點蘸，口吮舌吻，自己做的醬油滋味還真好！有非糖的甜，有非鹽的鹹，有非味精的香鮮。

真的自己做的？

「真的！」老闆娘手指布簾後面，我老實不客氣地掀了布簾，哇！有木桶有陶缸！一排一排一疊疊，小小的房間落放了十幾個大傢伙！

只有在鄉間才遇得上這般陣仗吧！

誰做？

「我。」

我以為她會說我老公、我兒子、我女婿……。

年歲有一些了！自己做嗎？

「做一世人啦！」

湯裡的虱目魚雖有淡清的自己味，但蘸了墨黑色的醬油後生出了另一種芳甘，豆腐蘸了更是，幾乎是甜美了！而那哇莎必！竟是新鮮山葵現磨的！一個碗狀的研缽，老闆娘由冰箱取出山葵放進缽裡推推磋磋，刮到碟裡直接交給我碎渣渣的溼漉漉哇莎必，和我多年前在阿里山吃的類似，我問：阿里山的山葵嗎？

「啊！妳行家喲！這是我從奮起湖帶回來的。」

我紅著眼潮著鼻頭，哼哼嗯嗯忍著鼻腔裡的辣沖和嗆刺，怎麼吃得到這樣好的山葵！新鮮又充斥了青山裡清清空氣的……。

老闆娘怎捨得把這樣好的山葵拿來給客人吃？我這一餐怕吃不到臺幣一百元！

「老闆娘！頂級山葵哦！怎麼不留給自己厝內人吃？」

「呵，老公不在啦，兒子在美國啦！女兒住奮起湖，我自己一人吃不掉，來店人客就最親啦！給最親的人吃最好！」

一個人，嫁人嫌煩，退休嫌沒事做，奮起湖女兒家不但有公婆還有太公婆，她怎麼可能住得進去？難怪可以製作醬油，難怪把店裡打理得清清爽爽，難怪還熬骨頭湯！她的時間都貢獻給「最親的人」了！

除我之外的三個男客都沒點菜，只老闆娘說「吃魚呵？」桌上便有了煎虱目魚和燙空心菜及滷蛋、滷豆干，還有我見了也要了一碗的竹筍湯，看來是日日來的最親的人。

付了飯錢，和老闆娘再見，她在我手中塞了一只小報紙包，直說：「給妳，給妳。」我笑笑，開心承受，第一次來這小店裡，竟然還有飯後禮物，是一小根山葵，節節梗梗的硬根，尾端還嫩綠著小莖，我，真的也是她最親的人。

◆一直記得那一團報紙塞在冰箱裡的模樣，一直記得為那小根山葵我特別去買了磨齒瓷盤，青鮮山葵有獨具的清新辛氣，嗆味未衝鼻腔前，山葵先生出一股輕輕的涼辣在口腔裡逡巡，然後，突然之間，火山噴發，嗆嗆嗆嗆……

逛小菜場

好吃，所以愛逛小菜場。

不管愛不愛燒菜，小菜場都充滿了讓人「想吃」的感覺。菜市場就菜市場嘛，加上個「小」字什麼意思？小菜場的說法並非有別於超級市場的大，這名稱由來已久，是上海話嗎？家常吃的菜叫小菜，要燒飯便得去小菜場買菜，回家才能燒小菜。

我家住的社區大，頂好、松青、全聯、家樂福都有，過了家旁的民權大橋更有大潤發、COSCO，買菜這件事真是好方便好方便！但我習慣了非要去的是出了家門往左走的露天小菜

場。

小菜場原先只是有挑擔、小攤隨便在路邊賣點青菜、賣點水果，後來就變成了半條街市場，再後來，賣衣裳的來了，賣文具的來了，糖果、糕點、碗盤、魚蝦全來了，於是年輕警察凸肚警察也都來了，他們其實頗合情理，先是在攤街上漫步巡行，口中小聲嚷嚷：「收了收了，收一收回家了。」兩巡之後才找那漫不經心不給面子的攤商開單抓違法。小販們呢，有人想出了令人詫訝的法子：一人被開紅單就大家攤份子，一人攤一百元，每一攤都可能被開紅單，罰款少則六百元多則一二千，每一攤也都輪得到付那一百元，我見到負責收垃圾的「市場晃晃」（別誤會，他是很好的人，是「晃晃」不是「混混」）也多了新工作，他一手拿小本子一手拿紅單，挨攤去收前次未曾輪到繳交一百元的攤家，攤家與攤家之間的倫理在這事上看得清楚，大家都相信那清潔工，而孤、老、小設的小小攤是當然不必交清潔費或紅單費的。

這樣的情形或說這樣的智慧，這樣的眾志成城官府沒有想到，這種狀況也幾乎變成臺灣露天菜場、夜市、野市的經典模式。因為經濟不景氣、失業率高昇，愈來愈長的市場街或愈來愈大面積的小吃夜市愈做生意愈旺，加上官府好心設計的一些地下市場或樓房市場設計錯誤無攤能賺到客人，日久都變成「蚊子住家」。而小攤違規做生意也都變成「最牛釘子戶」，說不搬離就不搬離，日裡夜裡的警察來或躲警察。於是再過了若干年，非法變成合法，像我家附近這小菜場就是這樣，規模不大但名聲大，許多外地人駛了汽車來做「星期採購」，從前還有朋友約了大日子去南門市場或東門市場買菜，現在都說：「去妳家的菜市場」，還真有趣。

我家這邊的「大」小菜場幾乎已是「什麼都賣什麼都不奇怪」；我因為比較在意農藥化肥的問題，買菜儘挑有機菜和鄉下阿婆阿桑賣的瘦小黑歪的蔬菜，買肉買魚也注意，這邊全方便，以豆腐來說，一般傳統豆腐、非基因黃豆豆腐、鹽水點滷豆腐、三角錐形深坑豆腐都有，其他的菜也紅橙黃綠藍靛紫都有。但逛小菜場並非只為吃飯，樂趣兩字佔很大比例哩！譬如到菜場想買一斤小土雞蛋，結果買了一揹袋少見的西施柚、彎曲細瘦如女子手指的香蕉、兩顆紅心土芭、一包油茶，手上還提拎了一個室內門搭掛衣臂、十個A4透明塑膠資料夾、一件披巾、一雙人字拖、一隻花鏟、一只貓形鏡。

有次人還未走到菜場，濃濃芝麻香傳來，竟有人把電磨載到市場，由電磨中緩緩湧出，當街用機器轉筒炒花生米，當街手掌大黑鐵鏟用烏細石炒栗子，當街手擠魚漿成丸入水煮，當街大鑼烹蒜苗辣椒花枝羹，不是立刻吃，是裝在塑膠碗裡一碗又一碗賣帶走，還有……

我在小菜場買買買，所費不多，但如果不克制，該買的和不該買的都會買了！

我生活其實簡單，只是自己的原則不少，譬如不試飲，那一口飲料就佔用一只小紙杯，不環保。譬如太便宜的東西不買，十元一個的蛋糕會使用什麼糖？什麼原料？我不放心。譬如塑膠碗塑膠袋裝的熱燙油炸、湯食我不踫，會釋出毒毒的環境荷爾蒙！譬如沒有加蓋的熟食不敢要，來來回回的買菜人走過帶著的看不見的灰塵、問話的買客答話的小販一次次噴出的口水……那大簍的蜜餞、大缸的醬料、堆成小山的肉鬆……哇咧！

柯羅莎颱風之後，我踏著滿地碎樹葉去小菜場，賣攤不多，電視報了又報說葉菜類大漲，可葉菜是得每天吃的呀，我問：青江菜一斤多少？賣菜人告以：一斤三十，我一時愣住，那不是半斤才十五元，我問：那不是沒漲？賣菜人吃過檳榔的唇紅咧咧地，竟答：這是颱風之前進的菜，當然沒漲，颱風之後還沒進菜，明天來就會漲了！會漲很多喔！

這樣的心腸，這樣的人。

小菜場裡有許多這樣的心腸和這樣的善意。

賣醬料、溼菜的攤前突然多了一個老先生，鄉氣地穿著僵硬硬新衫，杵坐在狹窄攤邊，我問忙碌的老闆，他答：「我爸爸。」他說老人家想來幫忙，但一生務農已經八十歲的老爹哪裡懂得稱秤找錢的事，在鄉下也從未見過這樣多人，嚇也嚇傻了，但又堅持每日跟兒子出來「做生意」，就這樣呆坐在攤邊，已經快一周了，我看著攤老闆特別為老父在頭頂用鐵柱固定一把撐開的黑傘遮陽，又看到老先生身前別家攤送的水果、花生、飲料、糕餅，老先生的秋季遠足還真讓人羨。

另有一次，我去買了一盆花，打瞌睡的老闆娘老大不願地由夢裡回轉現世，將好看的香香梔子裝袋、遞給我、收我的錢，然後找給我八百五十元，一盆一百五，問題是我給她的不是一千元，她找三百五十元給我就夠了，我跟她講清楚了，她傻傻地與我面對，不理我，不，是還沒有醒過來，我說第二遍：「我給妳五百，妳找我三百五就好了。」她終於恍然大悟，口中稱謝。我走離小店已遠，忽然看那老闆娘速奔而來，她大概是更醒之後越想錢事越嚴重，塑袋裝了兩盆迷你小金盞花非要贈我不可，怎樣推辭都不應，這不打緊，後來每買花必折價，不然就加送。

小菜場儘是些寫着情義的字，在人們臉上看到的或是卑微，但他們的心上許多人都寫了情義的字呢！

我就是這樣，冰箱裡或許有菜，但我仍揹了大環保袋去小菜場，用我的自備筷匙去善女子美鳳的小餐店吃素菜早午餐，用大環保袋將裸著的青蔬水果裝進來，儘量少用塑膠袋，偶時也做點壞事，亂買些碟碗雜物回家，讓自己開心，再自己燒簡單的家常小菜，快樂地吃。

◆其實，我喜歡的是全世界的菜市場。
不論是傳統市場或超級市場，全世界的市場都不一樣，但共通點絕對是：各具特色，兩兩不同，愈奇異愈美麗，愈多樣愈引人。
只要是我去過的地方，不論是西班牙的巴塞隆納或新竹的湖口，尼泊爾的加德滿都或臺南的佳里，伊們的菜市場都大力地誘拐了我！

人日七樣菜

人有時突地就變成死笨死笨！腦子不是轉不過來，而是根本不以為應該轉過來！我是說我啦！我啦！

想說的是「七樣菜」那回事。

曾經有客家朋友說他故鄉有新年吃七樣菜的習俗，問我我們家鄉可也有這回事？七樣菜指的是舊曆年正月初七，媽媽們以菠菜、芹菜、茴香、芥菜、韭菜、蔥、蒜等七樣蔬菜共煮一鍋，名字就稱「七樣菜」。菠菜讓人精神！芹菜使人勤，茴香吃後身軀清芬，芥菜是長年菜，當然主管年內平安，蔥聰明，蒜懂算計，韭菜麼，長長久久啦！

二〇〇〇年我出了一本散文集《秋涼山走》，其中所寫〈春日〉提及旅遊日本，初七的「人日」日本人至今都煮「七草粥」，而且他們還分「春七草」和「秋七草」，春七草使用的蔬菜材料是芹菜、須須禾、蕙巴、五行、田豐子、佛手和一種什麼草（另有一說是芹菜、薺菜、御形、蘩蔞、佛的座、菘、蘿蔔），而我國古代也有「七草粥」或「七草羹」，採取的蔬菜則是芹菜、薺菜、菠菜、香菫、茴香、蔥、蒜。不過唐朝之後便沒有人再做這件事了。

呆子我從未將客家七樣菜和初七人日的七草粥、七草羹聯想在一起！原來唐後便失傳的東西客家人在默默中依然傳承著這可愛的古禮！我還真想知道，在湖口，有老人家的人家裡，可有誰人還在舊年的正月初七過人日？並且在人日煮一碗七樣菜討平安？

◆我突然想到，中國人喜歡「雙」，會不會，會不會有某些地域不愛七樣菜而自創了十樣菜？於是，許多省份在過陰曆年時都有了「十香菜」、「十樣錦」、「十錦菜」？這十樣菜都需細切成絲，一般是：芹菜、胡蘿蔔、黃豆芽、木耳、竹筍、香菇、金針、榨菜、豌豆莢、紅辣椒。你，別當我是來亂的吧！

吃及吃之雜

我們的社會約定俗成地認為：早睡早起的是「正常人」，反之，晏起遲睡的人便不甚「正經」。同理，好吃的人必「懶做」，清心寡欲淡泊飲食者，高潔之人也！我不幸又不正常又不正經，既好吃且不肯飲食淡泊，更糟的是還不時以此為榮，告訴自己如此這般夫復何求！

一直認定「口腹之欲」這話值得商榷，腹哪裡有欲？它只是為了要供應營養給身體而「不得不飢餓給你知道」，那口卻真是有大欲，看到肉羹想吃，看到甘蔗想啃，甚至耳中聽「咖啡」二字喉便癢癢，心中念及黃魚煨麵便急切切往目標奔了去！肚腹好騙，牛排、炒飯、碗泡麵，你給它便要，而且量足了便不肯再接受。口則只肯取所需，滋味不合它可是嘗一小口要齜牙咧嘴好久哩！也不理會肚腹一再說「不」，仍然這樣那樣的咀嚼、吞嚥。

許多事若欠缺天分便做不來，像繪畫、音樂、寫作，努力雖重要，乏了天分絕對望不見好成績。吃東西也是，有吃食天分的人才明白吃的快樂，吃的幸福以及如何吃，如何吃得恰當！如何吃了有益。

這種天分我是頗有幾分的！

母親說我初出生便懂食之樂趣，她與我初相見是護士將我以襁褓包成蠟燭包，閉著小眼的我卻張著小嘴，正滋味盎然地啃吃著色被呢！果然，證物照片俱肥胖著小身軀，緊實實的內腿肉胳膊，自小便昭告這女子成不了美人。

肥胖便成不了美人是現世代的「畸形觀念」，想想人家歐洲的文藝復興美女，我便不相信維納斯是如何地不食人間煙火，做神智慧更應高上一等，神應該比人更了解「食道」，不論神有無飢餓的感覺。

不論神有無飢餓的感覺，減肥瘦身才是美女的想法絕對屬於魔鬼。我常見許多人這不吃那不吃瘦骨嶙峋，造成凹凸有致的身材（骨骼凹凸）卻忘記那張臉因飢餓及解不了饞而怨得惡態畢現，難看極了！我也是常將「減肥」二字掛在嘴上牽在心畔的人，時不時也真的十分誠信地做到三五分六七分，因為身軀發胖而不夠靈活時心臟總先知道，因此只好放棄喝咖啡配蛋糕之事吃西餐配啤酒之事咬鬆餅配楓糖之事，當然豆沙粽花生糕糯米糖桂圓湯八寶稀飯紅龜粿煎堆芝麻酒釀糰……一律都暫戒！對身體健康與體重器上數字都好，但卻得很傷陣子心，道理，和愛人暫別是一樣的吧！

有朋友曾問我愛吃什麼？我想或許問我不愛吃什麼樣數會比較少些！可是，我真的不愛吃什麼？想來想去說不出，勉為其難，可以答覆不愛吃料理技術差的食物，意思是：所有的食物都是好滋味，怪那不靈光的廚師造就了壞食物！

好吃、嘴饞或許是我那時代人物的「當然」？幼時乏食物，生活只是溫飽，在少娛樂的情況下，小孩子鮮少不將注意力擱放食物之上！是在臺中上托兒所的時候麼？所裡提供美援奶粉沖的牛奶，但不提供糖，我和二姐每日各懷一小包糖上學，那白綿糖媽媽用裁開的白紙以藥包方式包起折角，包得紮實，絕不破漏，放在圍兜兜口袋裡，午睡後便要喝牛奶了，午睡時三歲的我便將小小的指頭摳破紙包，一小點捏一小點捏地將白綿糖捏往嘴裡，至今我仍記得當時的掙扎，一心想：再一口就不吃了，再一口就不吃了，終於欲淚地發現一粒糖屑也不剩！後來還是老師發現每天姐姐帶糖妹妹不帶，難不成媽媽偏心？兩個大女人互通有無……

不過後來對白糖沒了興趣，曾有一段時間改吃乾奶粉，唉！這不好笑，許多人都擁有過這般「快樂童年」！

快樂童年的快樂情事泰半與食物有關，回轉頭去追憶，我以為我這一生吃過最最香噴好吃的東西該是一種昆蟲；那時我居住新竹縣寶山鄉，無水無電真正的鄉居，七歲的我也和鄉裡的客家孩伴一樣，赤著腳山崖水湄地四處攪和，新竹壢，竹枝極多，每家農舍之後都有四季唱著不同咿呀歌聲的竹，某些較細矮的竹種會產生一種「筍龜」，鄉童常用粗線拴著龜足，甩在空中促其飛，發出嗡嗡振翅聲便是娛樂了，然後玩到哪家便在哪家廚房裡淺灶灰中一埋，稍候片刻便熟，小手撕下燙腳爪，小口小口吃下筍龜身，美味賽過成長後所食一切！但這些年來我已失去吃食「非食物」的能力，如兔如牛蛙如狗如蟋蟀如蛇如鳥如鱉如鱔……

想到當年那如金龜子般可愛的小東西竟因味美而令我難忘，直覺歉愧難當！

我二十歲便因遇到王子而踏上婚姻船，等於童年尚未過足而已躍入成人的隊伍，因此長我十二歲的丈夫十分縱容地滿足我吃食方面的快樂。家居臺北大直時常在晚間外出消夜，理由十分正當，懷孕麼，總要多多散步，丈夫偶早歸便相陪著，每散步必往北安路上一攤米粉湯處，每每要掙扎在吃米粉湯抑是吃鰻魚白菜好？但炸一碟蚵或炸一碟蝦仁總是要的，於是又掙扎著究竟選蚵還是選蝦？有次明明剛吃過晚飯又去美吃一頓，而且一口不餘，脹到真真走不動且引發肚子痛，丈夫吃力地攙扶著胖大的孕婦，連「要不要叫計程車去醫院？」的話都問出口了！現在想想仍覺丟人！不過也讓我明白了我為什麼一直都深愛丈夫而覺無人可以替代過世多年的他：事後他拍著我的頭，我以為他會談我脹撐得幾乎提前生產，而他說出口的竟然是：「怎麼饞成這樣？真可憐！」有趣的是後來我足月產下我那對食物幾乎冷感的女兒微笑。

女兒微笑對食物欠興趣，兒子也差不多，大兒子在唸小學時幾乎便不愛吃糖果了，小么則讓人誤會他厭食！尤其小么，十歲時便剪貼了食譜做布丁給全家人吃，遊學法國竟自己煮紅豆做豆沙，發麵蒸起豆沙包來，但那是送給朋友的，真怪胎！

三人幼時的「飼餵工作」頗辛苦，把我整得瘦瘦，比如今恐怕少了十五公斤！不過他們也瘦瘦，全家一副饑民狀！其實他們都是依營養書調養長大，什麼蛋黃泥菠菜泥蘋果泥雞肝泥，衛生地自製各種嬰兒食物，一直到大，為娘的仍常隔海向歐洲放話：注意吃，多吃一點，吃好一點……不過，他們仍一個瘦賽一個。

某些人瘦但吃得可不少！許多瘦朋友在我小口小口啄食時大口大口咬之吞之，這是我最最恨之事！幸好，在朋友調教下這幾年我很懂得如何吃真正的好東西！食量也減少，可惜的是「老」這字使我十分謹慎於吃，不怕老不怕死，怕老來病著不死，於是，只好在飲食上留心，什麼「鵪鶉蛋每百公克含膽固醇三六四〇毫克」「豬腦每百公克含膽固醇三一〇〇毫克」較諸水果的零膽固醇，雞肉的六十膽固醇，當然是不屑吃的！而且，這樣那樣，愈懂愈多，吃什麼長什麼，明白極了！不過，人麼，大多喜歡壞人，喜歡壞東西，若真為了健康要戒掉一切，也是沒辦法的事，但這「一切」也有商榷的餘地，咖啡不戒，辣椒不戒，享用這兩種東西有一種出軌的快樂，對，就是這個說法，人麼，喜歡壞人，喜歡壞東西！有些事如

「好吃」，有些食物如咖啡、辣椒⋯⋯

對！

人喜歡出軌的快樂。

◆「吃及吃之雜」寫作時間較早，現在吾家女兒亭亭，兩兒俱壯實，因為都了解了食之大用，不好好吃飯睡覺就換不來好身體好頭腦！我的身體更是兩天不食青蔬人便不舒適，舌上也要生個火泡來示威。這些年又恐懼自己是不是紅肉吃得太多？想到瘦肉精⋯⋯唉唉白肉也未必好，雞有抗生素魚有海洋污染⋯⋯蔬果有農藥化肥⋯⋯哇呀！別一天到晚忙選舉忙賺錢了，選的和被選的都在吃髒東西啦！先救命不是比較重要！

海關

有一些些懼怕海關。

或說，對排隊，等待接受檢查，代表威權的制服，將你與證件核對後蓋章放行等事情反感。對有人能夠公然伸手入你私密的行李中翻拿私密的物件，而這人竟是個陌生人！對這種事，反感，以致，懼怕。

雖然飛出、飛回，這裡檢查那裡檢查，所遇海關官員幾乎都禮貌和善，但，仍然反感，仍然懼怕。

有時真希望某人的行李中能出現魔術方盒跳出小丑鬼頭之類的驚奇，讓海關嚇倒。也給

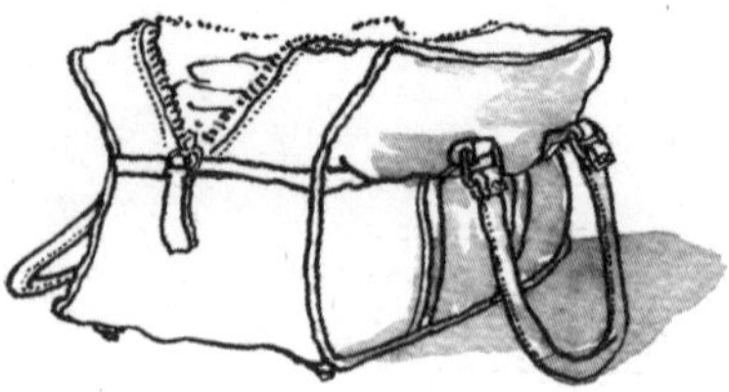

不耐煩的久候遊客一番娛樂。

而有時擔心的不是開箱檢查，而是你面對的制服明白表示對你的手提袋有興趣。

像這一次。

心忐忑。離家太久的緣故。

肩上，我的大提袋敞著大嘴並伸出舌來，是東西太多拉鍊無能為力而露顯、溢出內裡的東西。

排列我前的老夫婦二人帶了六床韓國毛毯，已經不是「那個」時代了，「那個」時代旅行行李總要和電子鍋、電動剃鬍刀、法國香水、日本香菇……連結在一起，但他們的理由仍是：一個孩子一床毛毯云云，兩老不斷與海關討情，堅持不肯打稅，隊伍因無謂的等候加深了無謂的表情，我疲累又迷糊站立關前，十分本能地呆滯起來，當很是英挺的海關用眼在我提袋中撥弄一回，我便十分本能地靦腆了！

「豆腐嗄？」

我的臉霍一下，粉刷了羞赧的顏色！豆腐放在半透明的保鮮盒中，怕壞，盒中注了水，晃動的水和晃動的豆腐躲隱一件羊毛衫下，竟也能被瞧見，大大的盒盛裝了不少方豆腐，同時好端端遮掩擱置底下的兩只砂鍋，那種土製手工做的鄉下砂鍋，燉豆腐好吃得分不清豆腐抑是舌頭的好燉具！

「香港豆腐會比日本豆腐好吃嗎？」他問。

當然遜上二三分！「可是我只有去香港，沒有去日本啊！」

喜歡豆腐不算突兀！有人抱一大瓶酒釀，有人拎一掛燒餅油條，還有人帶麻辣鍋湯頭十幾塑膠袋哩！愛什麼帶什麼，當然便也有人帶一大包摻了海洛因的殷紅辣椒醬！

另有一次，當天隊伍行進特別慢。似乎有待尋找的特殊對象！海關人數增多，甚至有荷槍的警察。我前面的男子著一雙好看的咖啡色短靴，我隨短靴一步步向前循行，間或，能夠笑對短靴底頑皮貼上的笑臉貼紙，然後，男子行李箱被要求打開，離得太近，不看見都不可能；白色四角內褲藍色四角內褲花色四角內褲，之後，海關禮貌地伸手向箱底，又扯出一串三、四件白色羅紋汗背心，潔淨淨的一個年輕男子，箱子也打理得整齊清爽，一件灰色夾克一條灰色西裝褲一件黑色襯衫……抖開、擱下，抖開、擱下。我的眉也皺起了，有必要這樣檢查嗎？每一顆排列等待的歸心都輕喟、抗議著吧！但終於，有人將這男子帶走，推了他的行李車，走入一間小房，掩門。那男子一個轉頭，我望見他閃著汗水的額。

然後是我。

也得要勞煩黑色制服袖來我箱中挖掘麼？

真的親切又禮貌。他笑容滿面問：「帶了什麼？」

「沒有啊！」我為我的模樣「像」攜帶違禁品而感覺挫敗、生氣。

他似乎有把握地點了頭，手向我手提袋中伸入。一只玻璃小罐掏出，我在新加坡發現並驚為天人的辣椒！綠色翠碧細細圈圈的辣椒片浸漬鹽酒醋中，噴香得噬人的好味道！

他面色吃驚，搖頭，喃喃：「不對啊！」

忽然，我望見他細長手指上沾有紅色油汪汪的顏彩，他也發現，突然便笑得十分燦爛，順手開抽屜取了一疊衛生紙給我，並對呆住的我說：「妳的東西都被紅辣椒油給沾到了！」

我經過許久才明白，他是嗅聞到溢出的紅辣椒醬味道才伸手入我手提袋的，因此，你若曾在中正機場海關望見一名女子以厚疊衛生紙大拭辣椒油的場景，便不覺驚奇了！至於那海關，真是懂得食道的好鼻師啊！

◆倒在長沙發上，扭轉出一個最舒服的姿勢，安恬地，不再動我自己，我正貪婪迎接隔鄰盤旋著飛舞而來的廚香。

好鼻師不容易，更不容易的是鄰有好廚師！我家常有由廚房小鐵門及小玻璃窗的縫隙處鑽鑽擠擠強進來的鄰家好味，我分辨得出油飯、紅燒肉、清燉雞湯及紅蔥頭燜什麼的氣味，有時也驚奇今日大菜沒放糖，有糖紅燒和無糖紅燒味道不一國。小火煎鹽鯖嫌腥，他沒淋料酒。大明蝦膾蕃茄醬可惜了，該用好醬。僅只是鼻嗅都了然。

我自己佩服我自己。

好鼻師。

與狗一起

好快樂，車子隨隨便便一停便妥當，沒有紅黃線也沒有停車格，路邊位置隨君意，臺北人心和臉都笑了！

不是故意的，那小店就在車旁，一眼看見店門邊大水盆裡泡著生的豬肺，哇！現代小店子還能吃得到豬肺！簡直走入時光隧道。

老闆娘由裡間出來，眼瞧著豬肺說「來坐」，她將套著橡皮水管的水龍扭開，水管的一頭插入豬肺上端的喉管，灌起水來，手法熟練，完全是讓我的眼睛複習少年時的功課。

有一點噁心吧？我問友伴。但鄉裡大家都公認吃肺補肺，在以前「ＴＢ」（肺病）橫流

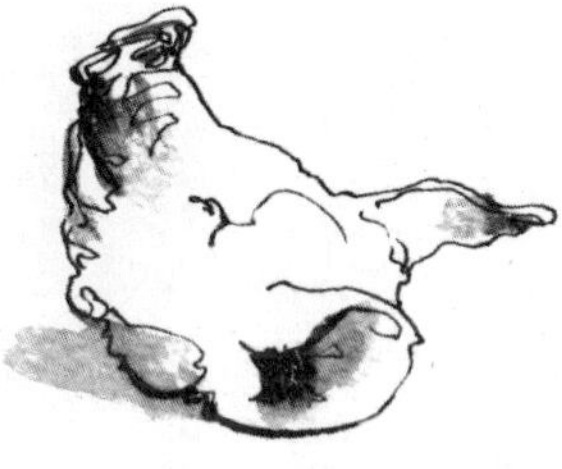

的時候，要吃肺食還得向肉攤商訂購哩！

但吸引我們入得店坐的理由是牆上貼的兩張招徠「文宣」，一張寫著「好吃豬骨頭肉」、一張寫著「好吃豬嘴巴肉」。

這是什麼咧？老闆娘解釋：「我們小時候在鄉下才吃得到！很好吃喲！」

我是鄉下孩子呀！不過以前大家都窮兮兮，少有去飲食店吃喝的經驗，了不得就是一碗陽春麵或切仔米粉，偶時麵上浮放兩片切得飛薄的豬瘦肉，粉紅色誘人的肉片，吃時先將它以箸壓入湯裡，一副怕肉片真的因薄而乘風飄去不見的態勢。

「豬骨頭肉」？「豬嘴巴肉」？

擱放店門前的大鼎正熬著高湯，老闆娘大鐵勺加長得驚奇的煮麵筷，兩相夾攻，豬大骨給撈起，木頭夾子三兩下便將骨頭上的白煮肉給刮剔下來，再舀一些骨頭湯，浸泡湯裡的骨頭肉便端上桌了，老闆娘又給了蒜瓣漬的醬油，告訴說：「蘸著吃更香！」再，她一起手，將剔掉了肉的大骨一甩手扔給了門外的兩隻狗。

我們和狗一起吃豬骨頭肉。在苗栗。

真是粗食啊！可是完全不入鹽的淡味湯和骨頭肉，那種甘甜味的香，嚥下一口湯、肉，便嚥下一口軟腴！齒縫裡滋擠著完全非豬油的肉汁，我一咬嚼一咬嚼，刻意不很快吞之入喉，我的味蕾幾乎發揮了最高的識味能耐，一點一絲地品嘗，了解豬、骨、頭、肉！

「其實豬嘴巴肉更嫩喲！」

想來也是，舐舐自己的內腮，哇！便也不敢去品嘗了！再用舌抵一抵上顎的軟處，天哪！大鍋邊的半透明毛玻璃色的凹凸波浪形的上顎豬軟骨也正面朝向我哩！不敢再看。

美味常和殘忍聯連一處。

出店時我向胖脹的粉紅豬肺說：「對不起。」

心裡真的有對不起的感覺哩！

◆好吃鬼在鄉村活動時喜歡去尋訪一些躲隱舊房子裡的吃食。舊得脫了牆粉或掉缺了土瓦的老屋也草草掛了落漆破木片的店招。這裡飄搖著的氤氳油氣香和大城小城裡的都不相像，因為它是真正最古早之味，它最香。

買呀！買呀！辦年菜

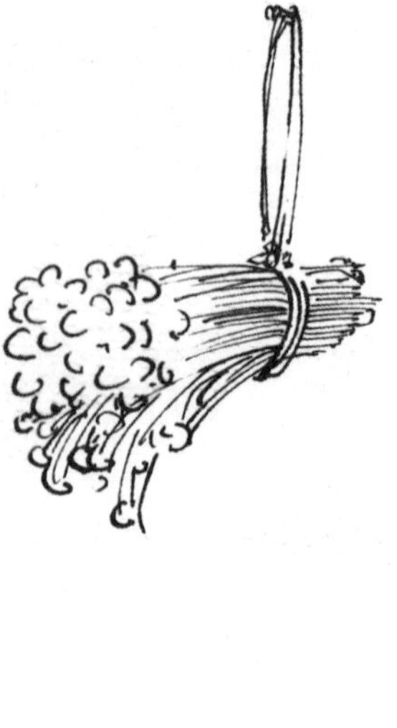

拈來一張紙，先寫下，「雞」，其次是「魚」，再來，「豆腐」……

逢年節必須慎重地燒菜，我便自然而然地沿襲初婚時廚事經驗不足的補救方法：列菜單，先列採買菜單，再列烹飪菜單。

丈夫六歲喪母，由祖母扶養照顧的他十二歲時又失去祖母，因此吾家早早便有年節祭祖的儀式，尤其陰曆年是一年之最！去菜市場買菜變成重責大任。

沒有見過兩位長輩，但想想俱是上一個時代的人，舊想法應該是有的，便盡量依舊禮數吧！雞是「有頭有尾」，魚是「年年有餘」，豆腐是「鬥福」，都很重要！常常洋洋灑灑能寫一大片，瞧燒個「十香菜」就得紀錄清楚：黃豆芽、金針、芹菜、香菇、胡蘿蔔、荀、黑木耳、蛋、蔥、豆乾……

愈是能幹的烹飪者愈是需要周全的採買吧？為了冰箱的容量著想，我常在年前一週便變魔術般將冰箱中食物變少、變少、變少，終至變得空蕩蕩！為了儲存年菜啊！而大約在臘月二十八開始先打理乾貨，其實不過買些些糖果、瓜子、香菇、海帶，哪裡稱得上「打理」，但因為得有光明理由去迪化街，便也得說得像樣子！

總是坐公共汽車到迪化街，一趟車便到，方便！常覺迪化街是讓人看的，看貨也看人！臘月裡迪化街上不知貨多還是人多？大麻袋裝的大蒜，大麻袋裝的香菇，大麻袋裝的金針……看得過癮！去迪化街，採購單上真的只有幾樣東西，可過年怎麼能不去迪化街？先摸去吃上一碗福州魚丸再說！順便買一些。再沿著南貨店吃那麼些不花錢的魷魚絲、開口笑，其實嚐完這些我買的卻是紅棗、百果。再沿路嚐糖糖餅餅，買芝麻粩、花生粩、米花粩，還有我小時就吃的，後來年年過年必吃的花生仁外包著曲曲皺皺白色或桃紅色糖衣的，哎！那究竟有個名字沒有？那東西？瓜子，瓜子買好嗑的，不鹹舌尖的，玫瑰瓜子最好，天哪真貴！比甘草瓜子、醬油瓜子貴一倍！南瓜子也要買，預防攝護腺腫大呢！呵！金元寶咧！做得小巧可愛！金紙包得密闔，真棒！裡面是巧克力！

真是擠啊！耳邊更是不斷有人大聲說話，女人逛街，一手使力捏緊小錢包，一手揹挾著大袋還得常時擋著人，總有男人「不小心」地會擠撞到胸前，討厭！

哇！這家的海帶好像比我剛才買的好！瞧那色澤和鹽粒，嗯，要再買一點嗎？不行，太多！哎那掛在頭頂的金針為什麼那麼艷色？一定是硫燻的！還有人買真可怕！咦？這是什麼？「老闆，這是什麼？」「猴頭菇。」「怎麼燒？」啊！不是我在問，是別人，但別人問了我想問的，老闆答了我想知道的，既然燒法不麻煩，也買一點。

糖餅店不必再逛了，可我走不出去，前後左右都是人，擠著貼著，怎樣走都由不了自己，只能隨著人隊伍向前，等一下不至於叫不到計程車吧！

店家用金屬夾子挾了一個蜜餞放在我鼻子前，只好伸手拿了，可是我不愛吃蜜餞，旁邊一個小女孩嚷叫：「媽，我要吃蜜餞！」「給你。」我將蜜餞放在她鼻子前，小女孩猶豫了一下，張嘴，蜜餞進去了。她個子小，媽媽不怕她被擠著嗎？不過，如果不帶她到迪化街，或許她不會依吧！

我由頭上垂掛著的衛生紙捲上扯了段紙來想擦手，扯紙的時候不夠俐落，人被擠得向前，紙卻尚未撕斷，哈！長長的衛生紙扯在半天，再度讓人回憶起劉文正，而竟有人伸手幫忙扯斷了衛生紙，有趣。

拐一個彎，竟有賣種子的！咦，這邊是各種五穀雜糧，黑豆吔！還有小米，不行啦！太重！過完年再買吧！逛迪化街的快樂看迪化街的快樂其實都不夠，很想賴到最後，但大袋飽滿，加上擠得我衣歪髮亂，模樣上倒很像跑單幫的在進貨！對自己這款造型，心中還挺得意！嗯，幾乎年年二十八都走一趟迪化街。

臘月二十九，早起。對於晚睡遲起壞習慣緊擁不放的我，早起是大功課！朝著家人扔下一句「我去菜市場囉！」就走。家人不知我也不說明，我去了東門菜市場！路途滿遠，反正公車也一路便到，去東門菜市場主要的是去買東北酸白菜，年前工作太多，否則自己菹一些會更過癮！東門市場入口不知有多少個！臨著金山南路有門，巷子裡有兩個入口，我則每次都喜歡由信義路上「東門撞球場」的牌子下進去。從來沒見過「東門撞球場」，也不知位置在哪處，白底紅字的手寫牌子褪了顏色老了年紀，可是由那裡進去經過幾家以前的「委託行」現在的精品店，吃過一碗米粉湯和粗糙的油豆腐、豬肺，我才覺得是進了東門菜市場。

東門菜市場之後將去南門菜市場，自然是買一些自家菜市場買不到的東西。主婦是很奇怪的「行業」，同樣是菜市場，立時能理解每一處的「重點」和「不可不去」的道理！最初早，東北酸白菜只有東門市場才有，如同好的鍋巴要繞路到師大附中對面「鍋巴大王」去買，哎小朋友都在問了，鍋巴是什麼？是呀！鍋巴是什麼？師大附中對面現在也沒有什麼大王！

在東門市場「搶」了半棵的酸白菜共四棵，付錢的時候幾乎咬牙切齒！我應該蒩了酸白菜來賣的！一定賺一大筆回去！可以不必寫稿了！搶完酸白菜一眼瞧見一個老太太蹲地守著一籃子青翠，小叢小叢碎細細樣貌，我大樂！問：「薺菜麼？」老太用江浙話答：「馬蘭頭！馬蘭頭！」臺灣也有馬蘭頭？種的嗎？「野生的」，老太答，哇例！多麼幸福的事！我將她一籃子馬蘭頭都買下了，貴價！當然貴價！可這就是過年哪！讓家中那浙江人治一下思鄉的病！

好個東門市場！好東西全都有！雖然人多得有些煩躁。

大袋依然很快便滿，決定回家一趟再出發，去南門市場！走向金山南路出口，突然，一大陣子喧嘩，一個女子快步跑向我來，後面有幾個男男女女越過擁擠的人客，邊口中大聲嚷嚷，是扒手！是抓扒手！戴著閃金耳環的年輕女子撞向我的大袋，我故意鬆手，穿格子外套的她反應不及，整個人一傢伙和我的大袋一同絆倒地上，趴在大袋上的她一個大格子一個大格子的圖案紅紅綠綠地俯在地上，我心想，買的菜給壓壞了！給壓壞了！人實在太多，她根本沒法子在眾人的腳腿之下爬起來！有一個太太身手俐落地已經一屁股坐在女子身上了！有兩個人的重量在我的大袋上！

扒手被抓，我的大袋立了大功！女扒手外套的內袋裡撈出皮夾，小錢包不下七八個！

那是一九哪一年？

每一年都跑跑迪化街、東門市場、南門市場。

南門市場是一個走一圈，僅只眼睛向食物們巡視一番人便會胖上一公斤的地方！

最早去南門市場是為了買酒麴做酒釀，後來發現還有桂花醬，還有真正的紅糟，真正的曹白魚……好吃的湖州粽子和紅豆鬆糕更是這個季節那個季節地誘惑著口與腹！怎麼能不去？再後來，過年之前擠完東門市場如不去擠南門市場便覺一套功課少做了半套！那怎麼成？那怎麼成？

我從不是個愛熱鬧的人，KTV、Pub這些地方因為聲音太多人太多我根本沒有參與的能力，但對菜市場卻情有獨鍾，國內遊走國外旅行全都將之列入重要必去地！過年之前獨自出遊菜市場也變成年終必行的自我犒賞！何況，是要祭祖的吔！多麼重要的大事！

我在除夕的一大早會去家附近的菜市場買新鮮的物事。甘蔗燻雞或鹽水雞擇一，一尾白鯧或一尾馬頭，豆腐當然當日買，客家話叫大菜的長年菜——芥菜最少一大棵，㸆菜、十香菜都燒好了，麵粉先不急，過完年等吃春時，才買來包餃子及做春餅——荷葉餅。

這幾年生活上有些變化，除夕之前新做的一件事是夜間去逛花市。初早逛的是濱江街花市，後來花市遷到內湖，二十四小時開放的新年花市簡直算得人間大誘惑！這時自己也有了汽車，晚上十點去，不到夜間兩點不會罷手，買了一頓放進車裡便是，像人家喝酒，再續第二攤！內湖花市停車方便，花價更是迷人！不過一個年，能買多少花呢？給爸媽、長輩買，給兒子買、給朋友買、給自己買，老人家要富麗的菊、大麗花、海棠，有朋友則過年也只要白花，我很喜歡選盆花，兩盆杜鵑能紅上兩個月，像爆竹炸開一般，喜氣得緊！麻點百合橙橙黃黃紅紅紫紫，一列排在陽台上較勁！金桔亮澄澄，綠葉片裡爭著將黃金果像黃金般顯像向人。如果能買到迎春最好！黃豔豔的亮眼小花擠捱著長在長枝上，完全春來了的態勢！走馬二十四小時花市，簡直把人看得發花癡！

一年一年，日曆一本一本地撕，僅只是市場買年菜這回事也有了令人驚奇的變化！前些天聽人說過年了要去民生社區那個市場買年菜，「哪個市場？」「新東街那個市場啊！我們家年年去那個市場買年菜，什麼都買得到，東西又好……」

是嗎？是嗎？新東街那個露天菜市場，那個傳統市場，就是我家旁邊的菜市場啊！什麼時候它有名到家住大安區的朋友要來買年菜？

啊！我仍是會去東門市場和南門市場的！想到南門市場的寧波年糕、江米藕、雜糧饅頭……今年，明年，我怕我還是不能不去與它們會上一會！還要祭祖呢！當然得豐富！

◆吾家辦年菜目的是祭祖而非自食或邀宴。先是婚後丈夫思念母親及母親亡故後將他扶養大的祖母，於是過陰曆年時祭周氏祖，後來又增了七月十五中元也祭祖。

丈夫也惦記外婆，又常念到小舅，這樣那樣，我腦子轉一轉，我們便也開始祭舅家的葉氏祖。

祭他家祖，那……我家李氏祖和我姥姥家的叢氏祖……我腦子轉一轉，也加入。

不過是添幾雙筷子麼，這祖便祭了三十年。

生素情事

我在廚房與餐桌間踱步，心是惶惶慌慌的感覺，你是不是偶爾也這樣，弄不明自己是怎樣了？只覺彷彿是，缺少某些，想要某些，東西。在廚房與餐桌間徬徨，理當，思維的是關於食物。

晚飯是小店鋪裡馬虎的一碗麵，有沒有肉絲青菜？忘記。於是立時委屈起來。電磁爐方便，貪圖時它對心臟不好的警言也不肯理會，置上小小鍋，白水即高湯，認真泡水、洗沖了都說農藥附加第一名的茼蒿一點點，再剝幾瓣大白菜，又翻出番茄、洋菇，是吃火鍋的架式。

水在鍋中隱隱然細語，像是說：等我，等我，等我煮滾。我讀著報等它。報上說一個女子陷溺愛情的時候，她的對象或許全然無感，這女子是自身戀愛而已，云云，云云，是嗎？思想的時候，我發現我在吃番茄，切成角塊的番茄濃綠豔紅，我口中舌間的湯汁也是吧？甜酸度恰到好處的番茄很快便只剩四個角塊。二個角塊。沒有角塊了！有說女人只輸在兩件事上——愛情與衣服。真侮辱也！那是沒腦子的男人交往了沒腦子的女人而發表的自以為是的認知！男人輸了愛情時是沒有人知道的，人們只好奇他突然老了，酸了，醜了。生洋菇是好吃的！沙拉吧吃過，我的洋菇切成一半一半，半個入口的滋味竟然較之切片的更香滋，咦？平日為什麼不會想及生吃洋菇？我洗得應該很乾淨！洋菇培植連土都不沾，乾淨的！一半一半的七、八半九、十半都入了喉。這一段，這一段絕妙！女孩十七歲，住在嘉義姑媽家，水什麼時候大滾的？手指壓按「切」上，電器電器，不是印「切」就是印「off」，中國沒字麼？我將口中茼蒿吐了出來。茼蒿可不一定能信賴！煮在滾水中起碼可以將殘餘農藥揮發一部分。我將大白菜一口一口吞嚥下肚子！那是微甜的清香，是喜歡二字可堪形容的。

白菜吃盡才驚詫！我已將生菜吃了個淨！只餘下不敢吃的茼蒿！

生食對我是舊經驗，以致迷糊中便如此這般吃將起來，恍然明白，我的惶惶我的慌，我的身體發出的訊號原來是這樣的，我是時不時需要以生食進補的人。

對中國人來說生食是涼拌菜、醉蟹、嗆蝦，但仍有許多中國人不愛涼拌菜，或見了生菜沙拉皺眉，因為習慣性地認為野人才吃生東西。日本料理普遍且受歡迎，可認為生魚片噁心的人也成眾，更不要說歐洲人愛得眉飛色舞的「韃靼牛肉」，人們早已忘記，人類原本就是動物，原本是生食一切動植物的！我們的遠祖壽不長並非生食，而是生食了不潔的食物，譬如帶菌的，含寄生蟲的……「進化」二字才是戕害生命的傢伙。熟食並不符合自然飲食法！

一九八二年，我的丈夫周亞民先生經過長期的疲憊倦怠感之後，醫檢發現他已是罹患肝硬化多年，一九八五年追蹤檢查，他的肝臟上新生了一塊「東西」，雖則只有幾公分，但這東西是壞細胞——癌。

人在絕處朋友常自然分成兩個派別，一如選舉，一邊的人因利害關係立時放棄曾經辛苦建立的友誼，因為再投資是浪費，回收無望。另一邊則卯足了勁道，也不怕人家疑惑：你是誰？你有什麼目的嗎？真是認真努力唯恐你不接納地無條件地舉出他的金錢、經驗、方法，只祈盼你痛苦抽離，早日康癒。就是這般，丈夫獲得極多幫助，生吃、素食便是朋友提供方法之一種。

治療癌症在當年困難阻礙較如今為多，丈夫的癌細胞因跨生三根主血管交叉處，很難手術，我們只得依賴正統醫學頗不以為然的偏方。各家治癌各家偏方，由「喝癩蛤蟆尿」到「百花蛇舌草熬半支蓮」，由「蜈蚣熬蠍湯以毒攻毒」到「斷食只飲清水菜湯餓死壞細胞」……我們選取或許值得一試的辦法，數種併用，除醫藥之外，飲食力量是驅走癌病的一劑好方！在這期間一再閱讀的書籍及一再耳聞的語言都說：起碼生食、素食可以洗淨全身的血液、血管、肌肉及感覺。

丈夫與我於焉開始生食素食。

肝不好除了人生變黑白，所有的蔬菜水果也都變成農藥相！生食素食若將農藥化肥吞落肚，幾乎等於一遍遍把毒塗抹肝臟內外！因此那一段時間我們自種芽菜，將各種豆類及蔬菜種子發芽生吃，並削皮吃根莖類蔬菜，或向挎著竹籃蹣跚行來的老太太買些鄉下人自種菜吃，那些菜因少農藥少化肥，葉片上都有著蟲蟲洞洞，菜身也細瘦不起眼，常常青梗或菠菱都不過一只手那樣長度，一斤只三兩棵的碩大「農場菜」我們是不買的！一九九九的今日有機食物已非流行而是需要，當年卻沒有「有機」的名詞哩！

以各種方法洗蔬果，然後生食之，不能生食便水煮或少油炒炒，也暫時斷了鹽，不過一月，我們赫然發現，兩人的皮膚潤細如脂！曾經因傷痛恐懼食難嚥眠難睏的焦枯乾澀的臉顏與髮，竟然突變為柔滑美麗。

藥物使用得當，飲食調配得體，丈夫的病情在醫師認為無望的情況下漸趨穩定，他繼續吃了五年生食加素食在併發症下辭世。我則在三個月後重入江湖，泅泳在魚肉葷腥之中，但我已然明白，生食與素食變成生命中的一種召喚，時不時地，會以丈夫之名呼我喊我，我便了解，生食一回，素食兩日，是讓我身心安恬的良方！幾乎，也變做一種宿命，不向它頷首應允些什麼，自己，便坐臥皆不安！

是以，當我在廚房與餐桌間踱步，我不必告訴自己些什麼，自己，自然便去生食、素食些什麼了。

生與素，已經變成內心深處的必然。

◆我到現在還是愛吃魚愛食肉。
我到現在還是愛吃青蔬愛食生菜。
不過，好像生素佔的比例愈來愈多……
就醬。

味蕾之歌

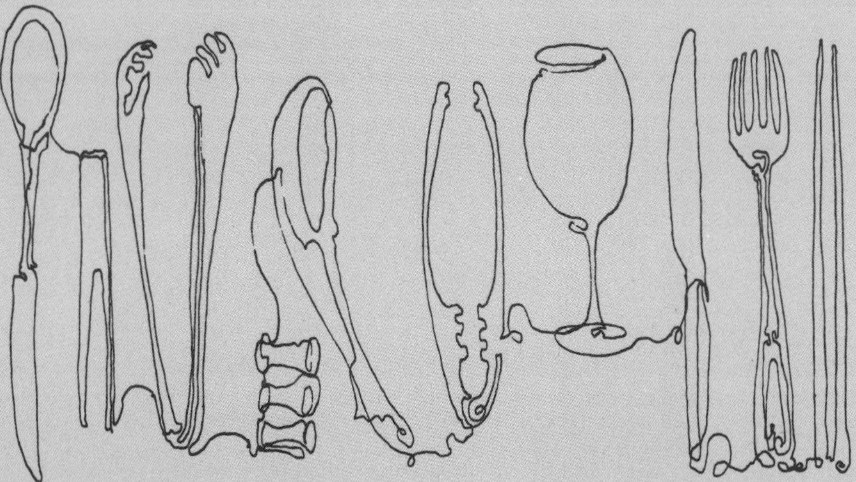

竹筴魚

愛吃生魚片。

愛那種涼柔軟軟脆韌交加舌尖齒齦微微甜的滋味，一種非肉類又非葉菜的感覺，當然，愛生魚片便也愛哇沙米！山葵是人間美味之不可缺。

其實是贊成素食的，也常晨素午素素素不休，但某些葷腥食物也同一種情慾，在身體的內裡常會發出呼喚的樂音，那種樣況自己十分了解，真真素的時間是尚未到來的。

臺灣吃生魚片很是方便，大都是些鮪、鮭、旗魚等大型魚切成塊、片，使我第一次接觸竹筴魚生魚片時吃驚不已。

在日本旅遊時吃到連頭尾端上桌的竹筴全魚魚片，不過是中型長盤，配了細蔥花、薑末、紫蘇葉和連著幼小絲瓜的黃茸茸絲瓜花，應該算是很小的魚。日本朋友告訴我：是很好的高級魚，有一點貴。

貴值！因為美味至極！吃得人像一隻瞇眼微笑的貓，並且一再品嘗食畢的舌，因為舌上仍存留迷人的甜香。

最初弄不清竹筴的名字，朋友以箸蘸了清酒在暗沉木色的桌上寫明，我一時獃愣在時空裡！東京哪一條古舊的窄街，街角某一處幽暗的小樓，大通艙一般的餐室，微黃的小燈泡配搭微弱的銅油燈，燈下，一桌一桌「併桌」的客人，是可以坐入桌下坑裡，男女擁吻的是一組客人，三人哄笑的又是一組，女子哭著拭淚男子面無表情的又是一組，還有三人看來是各自一人一組，加上我和朋友，十幾個人共併一桌，各食各的各笑各的各哭各的，幻夢一樣，然後朋友以箸蘸了清酒在暗沉的木色桌上寫了「竹筴魚」。

是日本小說中經常作為情節配角的竹筴魚！某人帶了竹筴魚便當，某人取了一塊竹筴魚手壽司，默默一口吞下，似乎因事件的嚴重而忘記了竹筴魚的美味……腦子裡一下子浮升這一本那一本日文翻譯小說的片段。

旅行回家後翻書查資料以求證旅途所見很有考後查書的感覺，往往恍然大悟之後，就有了一生再也丟不掉的知識。日本回國，買了魚譜，細賞彩色印刷圖片，看見吃時未看清真的竹筴魚，這無數日本作家筆下形容過出現過的竹筴魚，我將之當成生魚片之最的竹筴魚，我睜大眼睛，天哪！那英文俗稱「Jack」的小傢伙，在中菜食譜中被稱為「夾竹」的小傢伙，在字典中謂「美味，是最高級的魚種」的竹筴魚，竟然是我最熟悉的，每五、四日必得巡行傳統小菜場或超市的，每買定十幾二十尾的，我家家貓ㄆㄧㄚㄑㄧㄥ的主食，我們臺灣話喚作「目孔」的魚！我傻兮兮不信邪地由冰箱中拎出一尾，看圖片比對，文字為輔：「竹筴魚由鰓的周邊直到尾鰭分布有七十個楯鱗，如一線串銀鎖。」真魚與魚圖如同雙胞兄弟，一式的頸上黑點，鰓邊楯鱗排列至魚中段，一個曲扭，S型般由中段又排列至尾鰭，在日本朋友說有一點貴的目孔，不，竹筴魚，臺北市小菜場三尾五十元！魚譜上介紹：「竹筴魚是日本人吃生魚片的主要魚類，和沙丁魚、青花魚、秋刀魚共稱最好吃的青背魚類的四大天王。」噫！沙丁、青花、秋刀在臺灣俱賤魚也！便宜時任何一種都是三尾一百或三尾五十元！哪像赤鯮一條可賣到兩百元，白鯧也要一尾百五十哩！

而，每一種魚都旅行了千百里路才到達人們的口唇，有時覺得罪，因為貪婪食魚，有時又阿Q的思維：任何一種魚都是人的食物或另外一種海中生物的食物，魚在做別的生物的食物時光耀的死亡，一如食魚的人最終也要死亡，人生、魚生也不過就是如此了！能與美味竹筴魚相逢一場，也是一樁浪漫啊！

◆竹筴魚明明是閃著銀光的魚，卻每每在楯鱗處泛起一片金亮！愈新鮮魚身愈飽滿，色澤也更輝煌，誘得人就是要買。

我不油炸食物，小油小火煎煎自有小小美妙，薄鹽敷少酒浸一回，煎到酥黃，再淋些酒，裝盤後手舉高高，當心平日規矩尚不錯的家貓一貓偷襲一尾……

葷腥加素意

常有機緣在好餐館吃到好東西，因此在家裡就愈吃愈簡單了。簡單的食物也有符合好吃鬼原則的，尤其看到一個一個的朋友不守規矩在人生的隊伍裡打橫著打斜著亂走，隨隨便便不說再見就超前走到不知哪個極樂世界去了，在隊伍裡看得瞠目結舌的我手握他們留下的小抄，不敢不從，怕辜負了早走的他們給的警示。

小抄說的其他部分略去不表。關於吃食就是要求簡單簡單，要「簡」要「單」。欣逢一年一度文人野宴，特別貢獻簡單菜餚讓大家簡單吃簡單消化簡單吸收簡單快樂。

■ 洋蔥咖哩肉愛肉

二〇〇九年的新研究說黃咖哩裡面的薑黃素可以「在24小時內開始殺死癌細胞」，可以預防食道癌、胃癌，可以預防老年痴呆症……洋葱則對胃癌、降低膽固醇及高血壓有效，咖哩加洋蔥可以提味，香上加香。我用的是本地黑毛豬，特別挑肥肉較多的豬，避免吃到太多瘦肉精。

■香芹芹香香雞片

芹菜不是惹人愛就是招人嫌，這道菜只照顧愛芹人。我用怎樣燒都嫩的黑管芹，雞胸肉薄拌片栗粉，御茶釀六月鮮醬油調味，香啊嫩啊滑啊！現在說不算數，以現場為準。

■青蔬雞蛋小丸子

我喜歡用雞蛋裹著小煎青蔬，蛋香不侵青新味。不用油炸，一來油炸不健康，二來不會讓油味傷了菜香。青蔬選兩種：空心菜梗和綠花椰菜，花椰菜是農藥多的傢伙，所以絕對要選用有機的，比較保險。

■豆乾蜜吻冬茼蒿

這是江浙菜。不知何以，買到的有機豆乾硬得像石頭滋味也像石頭，所以只買了非基因豆乾。豆乾切碎，茼蒿滾水燙過擠乾切碎。哎，寫「擠」字想到「薺」字，可惜現在沒有。麻油與少量蜂蜜少量醬油涼拌，就這麼吃了。香滋滋。

■春餅

春節吃春餅。高筋麵粉炕烤成的荷葉餅捲裹各色菜肴便成最是好吃的春餅。

炒芙蓉蛋、芹菜牛肉絲、如意豆芽、韭黃豬肉絲、東北酸白菜絲、青椒紅椒胡蘿蔔絲、豆乾雞絲、新鮮生蔥絲蒜絲辣椒絲、生苜蓿芽、甜醬麵。

一切葷菜素菜捲攏包裹在荷葉餅內，不再吵鬧紛爭誰是葷誰是素誰太鹹誰不夠鹹誰太大塊誰太軟……

大家一起捲進餅，誰若漏出餅麵皮誰便落了單，肚腹不會因為少了你而飢餓，但你自己卻平白糟蹋了。

春餅好吃。讓人饞得有成就感。

■番茄蛋餅

兩隻紅番茄變成十幾瓣之後，不沾鍋裡洋蔥碎已經煎香，番茄進鍋滾一滾，打散的蛋在番茄身旁走一走，鍋沿滴一圈橄欖油，晃動、晃動，舞蹈節奏啲，番茄蛋餅斜身滑步到大盤中。

鏡中的胖女人將辣椒粉來勁往蒸騰裡灑。

美麗的畫面。

好吃真是美事！

周末早晨六時三十分！醒而未醒什麼都還不能做的時候。

■只是漬小黃瓜

野餐好攜帶又置放室外不變形的，當屬乾燒的大塊肉最理想，但吃到最後大家都尋湯尋水尋蔬果去了。所以野餐我慣常會做些爽口的東西，譬如㸃菜。可現在不是芥菜季節，㸃菜不行。泡菜，秋意冷颯颯，吃了冰口。細韭菜珠煎蛋餅，嗯，也嫌乾，白果百合炒青豆哩？有些零零散散……。

小黃瓜用糖、醋、鹽小漬一下會很好吃，再加些紅辣子，又好看又迷人，時間若掌握不好，會醜皺得像老太婆，若掌握得好，就是人家大肉之後搶食的對象了！

有一次，用大肚玻璃罐裝了一整罐漬小黃瓜，想不到不到半小時只空剩罐底的一汪醬汁了，每一個後到的客人都要問：這裡面本來是什麼？這裡面本來是什麼？

■就是要養生！

一九四六年，一位吳先生（吳振輝）一位郭先生（郭啟彰）由新加坡引進原籍非洲的吳郭魚。

許多人不吃吳郭魚，理由：小時家裡窮，只吃廉價的吳郭魚，吃怕了！

許多年過去，菜脯蛋變成流行菜，醬瓜、豆腐乳大受歡迎，餐廳中青蔬「炒空心菜」變成必點，這所有過去「家裡窮」吃的食物都翻身了，因為那是童年記憶，那是前塵之夢。而吳郭魚本身也這樣變那樣變，變身為臺灣鯛，變身為紅色尼羅魚，變身為姬鯛，最後變身為去頭剁尾剝除外皮的魚排，並且以「臺灣鯛魚」之名大賣海外，日本人尤其愛得很，咸認是「臺灣鰻魚」之後最好吃的臺灣魚！

超市裡將三片臺灣鯛魚包做一盒，冷凍得美美的透顯鮮麗的淡紅色，一盒才八十六元！

一片燒一道菜，是我的日常食。

一片臺灣鯛，解凍切小塊，調少少鹽、酒，漬十分鐘。

香菇五個泡軟切丁，洋蔥半個切丁，冷凍豌豆仁半小碗（不解凍），胡蘿蔔丁半小碗，竹筍或茭白筍半小碗。所有的食材加上漬好的臺灣鯛裝大碗調入兩個雞蛋，再將辣椒粉少許和榨菜屑少許調入。少許油在扁平鍋中微熱，全碗作料入鍋，鋪平，小火煎，蓋鍋蓋煎五分鐘；翻面，再煎。五分鐘後裝盤，開始吃。

漢學中醫素來講究五色養生，五種顏色的食物利於五種人的臟器：青色，利肝，我們有豌豆仁；紅色，利心，鯛魚排是紅尼羅魚；黃色，利脾，竹筍屬黃色。蛋黃屬黃色；白色，利肺，洋蔥半個啦！還有雞蛋白；黑色，利腎，香菇。呵，胡蘿蔔是橘色，橘色利什麼哩？利眼！

身體健康，什麼病都比較不易上身！就養生吧！

◆葷是葱、蒜、韭之類，腥是魚、肉、雞、鴨，加上素植物，好吔！身體健康，長命百歲。

飲酒作樂

酒這東西究竟是個什麼玩意？認真地探討，不過是一堆小不丁點的葡萄（大葡萄不興造酒）洗也不洗，拿光著的腳丫踩個稀碎，或，一筐筐的麥子倒進粗製的水泥池，等伊們爛了個透，就成了酒，成了酒之後呢？不管灌裝在美麗的瓶子裡或亂七八醜的容器裡，都有人愛得昏昏地搶著飲啜。

世間至好是愛情，以致有「深情比酒濃」的說法，但愛情可堪駐藏心中，酒卻不成，酒得擁進懷裡，並且得速速入喉、落肚、沁入腸脾，還入肝哩！愛情暖心，雖也愛情能傷人，卻不似酒那般暴亂！暴亂的酒可與情慾相較，是殺得死人的情慾，殺得死人的酒。

酒想暴亂不容易，那得遇到亂酒性格之人。在臺灣，午餐飲酒「大約不是商人便是壞人」，因為醉或半醉對下午工作都有影響。在旅行時認識了他鄉之酒及他鄉的酒人，發現飲酒根本是食飯之必需。道貌岸然的英國人早餐開始即飲酒，他們言之振振：只是啤酒嘛！是液體麵包。當然，吃液體麵包便不需固體麵包，麵包是西餐主食，三餐都必吃！德國人將啤酒當飲料而少喝水是世人皆知，便不要解說了。在西班牙，對酒也有認知。

馬德里餐廳處處，多到令人驚異！餐廳當然既可食飯亦可飲酒，而且少有虛座，馬德里人或許常得面對全國第二大城巴塞隆納「什麼都比馬德里強」的壓力，在數說自家餐廳時發明一種說辭：馬德里的餐廳數目和比利時全國的餐廳數目一樣多。首都人氣勢是大！出得首都，西班牙其他地方人士如何置喙？說法如下：西班牙的bar和除了西班牙之外的歐洲全部地區各國的bar相加的總和是相當的！

能如此誇口，難怪歐洲其他國家酸酸地說西班牙欠缺文化，比餐廳比Bar，不比博物館音樂廳（臺灣可以比什麼？嗚呼！）。

也因此西班牙人一攤一攤地殺酒不眨眼！不過那只是夜間，白日裡人們泰半飲紅、白酒或蘋果甜酒等較淡的酒。而且只為自己喝，Tapa完畢下午三、四點上班時毫無影響，想想可憐的臺灣人，總是為面子喝，為勸別人酒而自己亦喝，樂趣在何處？好酒的歸處是嘔吐，簡直可笑。

不過西班牙的確比歐洲其他國家欠文化，伊們的酒館可以設在住宅區（呀！在臺灣這是便飯嘛！），在馬德里城或巴塞隆納等大城都見到一些酒館旁的住家由樓上懸布條抗議，用西班牙文或巴塞隆納所屬地區的加泰隆尼亞文寫道：「我們要睡覺」，西班牙人除了飲酒也要趁樂唱歌，醉了麼，總也要大聲講一講、笑一笑、哭一哭，吵！人都是類近的，自己醉了有趣，朋友醉了可愛，家人醉了可厭，不相干的人醉了便可惡了！

總有人嫌法國人高傲，會不會是因為法國人不易醉酒？他們永遠有分寸地品酒，烈酒淡酒一律品而不飲，看法國人吃法國菜、品法國酒亦是一種學習，學習食的文明。法國人品酒的態度也彰顯在伊們對情慾的態度上，十分十分之講求文質，有巧取而無豪奪。不醉不易及於亂，酒可以觀文化，酒亦可敗文明。

旅行的好處之一是讓人安心飲酒，不工作，不上班，飲吧！只是單身女子飲酒常讓男人會錯意，人家只是飲個酒罷了，別將寂寥孤單畫上等號，總要湊近身來哈囉一番，煩也不煩！

◆我從沒有酒後失態，我也從未說要戒酒，我不喝酒是酒貴而我飲後的快樂值不了酒價，另外，我的胃不乖，胃戒了酒我不得不也戒了酒，如此這般。

這些那些好吃的餅

話說那位會吃的「飲食田野調查人」舒國治先生習慣照顧一些小食店小食攤，除了食物確實好吃，他感人的心願是讓那些世代傳承手工製作的小吃得以茁壯生命，能夠再延續當然最好，否則，也要讓人們認識這個年代已漸稀少的某種吃食，它們在上一個年代或更古早的年代曾經是某個地域人們的主要或喜愛的食物。

有時我會想：某些東西美味，原本在製作上手續繁複時間又多有所費，在漸趨減少的狀態下突然因某種原因又復生或增多，這美味便活存了下來。又有某些食物或許眾人皆讚嘆，但日久終究要遭到汰換，也是有它一定的道理。

這些天都在吃蔥油餅，就先來說說蔥油餅。

蔥油餅早些年只店裡賣，這種北方食物因為耗油多，原不是窮人家所能負荷，以致街頭有賣大餅饅頭、鍋盔槓子頭，就是沒有蔥油餅的攤子，要吃蔥油餅北方小館裡有，價格不貴卻也不很普羅。

最早攤上有蔥油餅我很吃了一驚，因為大口平鍋中油深幾許，餅幾乎是泡在油裡炸，餅皮上都炸出大泡泡了，但生意不惡，買者是衝著整張小餅汪著晶晶亮的油解饞來的。做為北方人的我一直認定餅是烙的，少少油在鍋中小火慢煎而熟的餅叫烙餅，像烙韭菜盒子，北方人也用少油去煎或近乎乾炕，不用炸。油多曰炸，油少為煎，炕等同於烤，但炕的食物必須底部貼著鍋、鏊，烤則可懸空就火，煎炸先入油，烤炕要到後來才往食物上刷、沾油或佐料，中國的烹食之道不是那樣隨意的。

生活漸趨安定之後食油不是貴東西了，街頭蔥油餅多了起來但不普遍，蓋因煮一碗麵簡單但餅得先和麵再揉麵，麵糰得醒，醒後再揉，醒？就是在麵糰上蒙一方濕毛巾，讓麵糰睡一覺，蒙個七、八分鐘，麵糰就會睡醒，醒了，麵糰內部的氣泡均勻，麵體會產生鬆嫩香口的口感。將麵糰以擀麵棍擀成大張麵皮，加油、佈蔥、灑鹽，捲起調理好的麵皮成卷，揪成段，每段圈成糰，之後壓扁成坨，烙時再用擀麵棍擀成餅，下鍋烙三分鐘才成。有點麻煩。

雖然香酥好吃，但我以為蔥油餅要因麻煩而熬不住了，不料，超市先出現了好的冷凍蔥油餅，然後有人開了汽車賣餅了，小貨卡，做好的大餅坨，現場擀現場烙，好大一張，也十分好吃，一大張全買可，分切成塊賣也行，這種大張餅滋味第一名的當屬士林近天母那一家「燈亮有餅」，他們的餅是用兩張鍋鏟推推推成有彈性的外酥內軟，我喜歡那白頭髮老老闆一迭聲說：「現在吃，就現在，馬上吃，馬上送到嘴裡，多一會兒就不那麼好吃了。」我很受教，都是站在店門口吃上第一口的。

漸漸有不懶惰不怕麻煩的在家做餅糰了，餅糰批發給烙餅的小攤小店，訂多少做多少，不會愁做多了放餿敗。小攤小店擀了烙了賣了錢就賺了，一些不麻煩。再然後，冷凍餅坨發明了，真聰明人也！一個個做好的壓扁的小餅坨裝小塑膠袋中，冷凍後一百元可買八個，兩百元加送一個，我家旁的小菜場每星期四都有蔥花、韭菜、香椿、茴香、紅麴、全麥……賣餅的教說：「餅先解凍，鍋裡不要放油，用原裝餅的塑膠袋反套住拳頭，拳頭將餅坨四處壓扁成餅狀，本身有油的餅在小火裡慢烙，無需蓋鍋蓋，翻面時帥帥地甩餅，三分鐘就可吃了。」手不需碰餅，麵板、擀麵棍、漫天的麵粉都不來打擾你，滋味竟也不錯。

蔥油餅活下來了。

不過某些獨特的食物有獨特的「自我」，如同咖啡，愛一長聲「嗤——」機器便能擠出咖啡的人便去喝現代的、進步的連鎖店機器咖啡，愛咖啡屋佈置個人化咖啡有特色的便去小巷裡品那些有特調咖啡如曼特寧、巴西、維也納、曼巴、摩卡……舒國治一再提及的臺北市仁愛路圓環邊窄巷內的「秦記」，他們的蔥油餅不錯但另一種乾炕的「單餅」更好吃，這種餅裡邊沒有蔥，咬在口中韌而不乾，有嚼勁可不致讓牙口累，是一種與眾不同的好吃，乾乾的餅用古舊氣息的摺疊法摺疊得像一方手帕，又像是古時藏裝銀票錢兩的「內兜」，當將摺餅慢慢翻拆，還真像隨時可能由餅裡掉出銀角子來。或許這種「古餅」便如特色咖啡屋的特色咖啡？那些受不了進化機器的人常是每日必吃不可一日無此君的。

說餅不能不說我一直偏愛的蘿蔔絲餅。

秋冬時節，蘿蔔有時十元一大條，是好蘿蔔喲，可燉湯可紅燒可切片曬略乾炒辣炒肉末，也可自製蘿蔔乾，寫到這裡想扔下筆去市場買蘿蔔了。

不嫌事情更多一件，就做蘿蔔絲餅吧。

我是吃蝦米蝦皮的人，卻每覺蘿蔔絲餅裡不宜有此物，市上蘿蔔絲餅又好用廉價或染成橘紅色的可怕蝦米，再加上味精，弄得怎麼樣懶都只好自做那麼一、二回。

不論包餃子包包子或做蘿蔔絲餅，那用金屬鍤子鍤出來的蘿蔔絲一定得用鹽「殺一殺」，把水殺掉一部份，否則蘿蔔餡會成一坨爛糊，殺過的蘿蔔絲再加油拌蔥花即可，當然實在愛吃肉也就只好加肉了。醒過的麵揪成大几子擀成厚厚餅皮，把餡放皮中心，將四周麵皮集中，捏緊，多餘的麵皮揪除，變成中心有餡的球，捏緊的部位放在底層，輕壓，不必急著讓它變扁，可以放小火少油鍋中烙時慢慢輕壓慢慢彎扁，否則餅皮易破。烙蘿蔔絲餅時得蓋鍋蓋，烙一陣得加一點水，使餅燜易熟。

蘿蔔絲餅像只壓扁的包子，烙得好全看忍功，慢慢烙心不急才能成功，蘿蔔絲餅好吃好吃好吃，嗯，好吃。

哎呀，還有荷葉餅，餅中極品荷葉餅。

荷葉餅也有寫做「合頁餅」。

最早我只知道過年了，父親若是情緒高張，除了包貌似元寶的餃子，必會擇一日做春餅。

春天之餅，多麼浪漫。

春天之餅要先燙麵，用滾水將麵粉燙熟再揉成麵糰，那麵糰柔軟得幾乎迷人，做成的餅當然也香韌得幾乎迷人。

燙麵春餅的做法和一般蔥油餅不甚相同，麵糰揉好醒過，再將麵糰搓成粗繩索般長條，再揪成「几子」，几子壓扁成小坨，一坨上敷少油，一坨不加油，不加油的重疊覆蓋上加油的麵坨去，壓一壓，取擀麵棍將疊放的兩個扁坨擀成十五公分的圓餅，平鍋放少油小火烙餅，一個面烙約一分鐘，即成。稱合頁餅是兩個麵坨中間隔著油以致餅餅不沾黏，用手將餅輕輕一揭一餅便成二餅，彷彿書頁相黏成合頁，撕開便各自獨立，荷葉餅一面有焦斑烙痕，一面是白淨軟麵，吃時佈少少菜在餅的軟面上，捲起餅時餅如荷葉晨起時之曲卷，很是雅緻，便謂荷葉餅。

包捲荷葉餅的菜以「絲」為準，任何不易出水的菜皆可，買成絲條狀的菜如豆芽、芹菜、韭黃、蒜苗或將片及塊狀菜切成絲，豆乾、木耳、榨菜、香菇、子薑、胡蘿蔔、酸白菜……各自少油炒肉絲，必備的則有生大蔥絲和甜麵醬，吃時先在餅身抹醬，再將生蔥及熟菜一併捲入餅。我偶也增加一些生蔬生果如苜蓿芽、蘋果條、山藥條、小黃瓜條、香菜、辣椒絲……捲餅不可貪心，菜多了餅捲不起，而且餅變得粗拙難看，菜雜湯汁滴灑醜態百出，吃荷葉餅得有荷心，雅緻吃相才是雅事。開飯時桌上幾乎沒有人交談，都是各忙各的，專心佈菜捲餅，口中全然無暇說話。

一頓飯三菜一湯都已是麻煩事，荷葉餅少說也要八菜一湯才夠捲餅，芹菜肉絲、韭黃肉絲、蒜苗肉絲、豆乾肉絲、榨菜肉絲、子薑肉絲、胡蘿蔔肉絲、酸白菜肉絲……有人說就炒個什錦菜不就得了？你試試看，才不一樣咧，總之洗洗洗洗切切切切，而且不能等炒菜的人上桌，否則菜全冷了，有時得一人烙餅一人炒菜，有本領有膽請客吃荷葉餅的人還真不多！

「什麼菜都有什麼配料都賣」的臺北市南門市場裡竟然有賣荷葉餅！還分全麥和白麵兩種，烙得也很有樣子，吃來還算合格，冷餅回家電鍋中騰一騰也行，不過菜還得自己炒，如果不在意炒現成的外賣菜中有那樣多味精以及「菜菜同味」，你也可以買了餅買了熟菜回家大快朵頤一番。或是，賣熟菜的人終於理解不用味精少用油鹽的道理並且身體力行？

經濟不景氣讓全民愈發把吃食當作集體紓解情緒的一味良藥！餅的滋味特好，想來也會和其他的普羅美味一般，不但遊走在市井，也會遊走、傳承到下一個世代去，我是真確地如此相信的。

◆突然地，便在傳統菜市場與許多餅相遇了。是大陸口音的年輕女子在現場擀麵做餅，她的臺灣籍丈夫安靜地切餅、包餅、找錢。餅有厚又大的山東發麵葱餅、韭菜餅。餅切成的一個角比我一隻手還要大還要厚！葱珠或韭菜全都大咧咧地層層疊疊擠在麵皮上，女子說話俐落聲音像餅一樣厚實，讓人見識了「山東」二字！另一個賣花生餅、紅豆餅，也是發麵餅，只是餅餡多到像在賣花生碎和紅豆泥！排著隊等待的客人臉上全寫著「樂呵呵」，問賣餅女子打哪兒來？說：「家鄉是河北，現在是臺灣人了！」

白果熗菜

江浙館有所謂「盆頭菜」，是將菜餚烹燒多量，置放小陶盆、小鋼盆中，吃時裝小碟，冷食亦不損鮮香。

熗菜也屬盆頭菜，但裝怎樣的盆、缽、碟、碗都不好看，黃烏梭梭，葉綠素破壞殆盡，軟趴趴擠放著。我初時懂得吃江浙館，盆頭菜櫥裡只看得見蔥熗鯽魚、翡翠蠶豆泥、綠鑲金（綠辣椒包肉）、白玉藕片……第一次吃熗菜是突然發現「怎麼每桌客人桌上都有那黃烏梭梭的東西」，便依樣取了一碟，一箸入口，哇咧！苦的！

第一次的第一碟吃了好久才和夥伴吃完，兩人都覺日常生活中已然夠苦了，這苦菜，雖加了糖燒，也換一聲「唉」！但後來有機會再吃，便領悟了苦菜加糖燒的道理，還真是苦中有甜，苦後有甘的感覺！也知曉了這菜名喚㸆菜，是芥菜心所烹。

「㸆」，字典查不到這字，問了眾店家，也沒人說得明白哪個字？總之，慢火熱鍋烹之，不是燜（小火加少水蓋鍋蓋慢燒）不是煸（小火少油開鍋蓋慢炒）也不是烤（小火烘而沒有炒的動作）。

入了冬，我常有一些隱隱然的聊天說話和小小掙扎，在傳統市場穿行，碩大白美的山東白菜問我：「漬東北酸白菜吧？」漂亮的青碧芹菜也說：「做荷葉餅吧！捲我香芹菜！」圓圓厚實的茼蒿則說：「吃火鍋吃火鍋……」其實都挺麻煩，所以最後常是選最簡單的，買他大大一捧芥菜心，沒芥菜心芥菜也成，洗的工夫得下，熱鍋、清油、中火，不加蔥薑蒜任何配料，只是芥菜，一大鍋芥菜綠秧秧，翻炒翻炒翻炒，變成翠翠綠，加醬油。翻炒翻炒翻炒，變成秋香綠，加醬油。翻炒翻炒翻炒，變成黃梭梭，加醬油。加白果，轉小火，入少水，加蓋，一二分鐘後翻炒，加少少冰糖，入少水，加蓋，一二分鐘後翻炒，翻炒，翻炒，熄火。

一小盆黃烏梭梭的東西夾了粒粒玉色圓珠，白果㸆菜是也。

◆白果是銀杏的果實。

初早學得把連殼白果扔進微火的炭暖爐，嗶啵一聲速速舉了鐵火鉗去夾捏那皮綻了的，躲閃著燙，剝了薄殼，快快塞進嘴裡，熱乎乎又軟香糯糯，真是好吃！一顆接一顆，一咬接一嚼，說白果有毒性，吃多不好，噫！吃不多啦，剝殼剝皮剝累死！

重慶麻辣菜

我把青綠色的辣椒放在開著火的瓦斯爐上，幼弱的藍色焰苗輕吻著辣椒，不一會兒空氣裡便浮動起微微的辣香，我慢悠悠地翻動著一根根的綠色，讓黃褐的焦巴點勻勻地分佈在每一面綠椒體，這些辣椒等下要浸漬在醬油麻油裡，吃飯時一口菜一口椒，那滋味和辣炒菜是截然不同的口感。

又有時，我把紅辣椒刀切小圈，嫩薑切屑，蔥切珠，加上一撮黑豆豉，用醬油好酒拌炒，冷後裝瓶，一瓶一瓶一瓶一瓶，當禮物送給愛吃辣的朋友，沒有人不樂的！

我愛辣味，偶時外食，我會因某一家小店辣醬不佳而優先放棄，辣，不只是味感，它是美味感，辣而味不美，是一種無趣的刺激，因之我並不喜歡太過燙辣，辣到舌頭疼、胃熱、腸子痛，最後還得燙燙地瀉，沒什麼意思。

可是坐在重慶的餐廳，啖食重慶的四川菜，突然發現：不是一個味！

重慶菜很有趣，早晨吃 buffet，人家自助餐檯上盤盤碟碟的，竟然還有幾個辣菜，涼拌、熱炒、醃漬，都大大咧咧地在菜裡擱放了綠或紅豔的辣椒！早餐哪！午晚餐呢？沒有加辣的菜寥寥可數，如若看不到辣椒，定有著紅黑油圍繞著菜盤。

我的胃從來都欠安，為了去重慶，我把胃乳和平胃散都帶看上了。可是有一點奇怪，重慶菜辣，卻辣得不痛嘴，許多菜裡都加了花椒，這讓舌頭發麻讓嘴巴亂叫的東西在重慶變成香麻麻了！不刺嘴不刺舌！而且辣椒和花椒都有特殊的香滋味，和臺灣的品種不同嗎？吃到肚腹裡，熱熱燙燙，卻是沒有疼痛的感覺，最特別的是不瀉肚！竟然我帶的胃藥沒有吃！夜間也沒有因胃液逆流而咳嗽，我思索許久，突然想到中醫給我開的藥中有花椒，難不成重慶的辣椒品種不傷胃，而花椒又暖了我的胃了嗎？

重慶的四川菜真是怎樣燒都加辣，可怎樣辣都好吃！連不怎樣吃辣的人都稀稀呼呼地，呵呵哈哈地吃得個痛快！瞧那涼拌粉皮有紅辣子，滷肉片上有碎辣泥，肚片花生米浸在紅油中，水煮魚看不到魚，只見到一片褐色花椒浮在紅油上，白燴的魚條當然用紅、黃、綠色極猛辣椒塊配了才好看好吃，炒墨魚花更是各色辣椒花椒比墨魚多，我愛得不得了的是一道白斬雞，雞盤肉內淋有湯汁，湯汁裡遍佈紅、綠辣子丁和綠花椒，美顏美味！另有一道炒田螺，田螺燒得乾乾的，但不甚看得到，因為大部分埋在層層辣椒花椒堆疊裡，吃田螺吃到忘了禮儀，吮起手指頭來了！

回到臺灣，速速查資料，長江、三峽資料查得更仔細，可先查的卻是花椒！

花椒，藥典如是說：它含鐵、磷，它明目、固齒、強腰！它散寒逐溼，止瀉治痢疾，它解魚腥毒、抑嘔吐，它健胃，使脘腹冷痛逐之，又通經破血，對金黃色葡萄球菌有制止作用，緩咳、緩氣逆，療皮膚溼疹，還，哇！還治「婦人陰癢」！並且有麻醉作用！

四川山深水溼，難怪四川菜重用辣椒花椒，辣椒能驅寒生熱我們都知，看了花椒的資料，我猜得到四川菜一定要有花椒的原因了，重慶朋友也說：所有菜中發黑的部分幾乎都是花椒！黑油、黑湯、黑汁，黑色的點點、渣渣，都是磨碎隱藏在乾溼菜中的寶貝，有時以原貌呈現，也有紅色、褐色、黑色、黃色、綠色的不同。四川菜為什麼「必須」既麻又辣？原來啊原來，辣椒有百種好，但辣椒傷胃，最壞的是刺激性強可以產生胃液，因此胃好的因受刺激胃口大開可以增進飯量多吃吃多，但胃弱或胃根本有問題的如我，胃液便愈增而造成食道被酸性強烈的胃液灼傷，待傷口將痊癒，傷口結痂處便發癢，一癢，便會出現反射性咳嗽了，愈是躺臥愈是嚴重，便成「夜咳」，我在知道自己是「食道型胃液逆流」之前，看「感冒咳」已看了很久了！百治百不好，胃液逆流，日久可能會轉成胃癌的哪！

原來四川菜其來有自！自古早便懂得拿辣椒增熱去虛除溼產生胃口加強體力，而又因辣太烈便以花椒抑制辣椒，更加散寒除溼之外，還抵制辣椒的傷胃、易產生胃液、氣逆及瀉肚，並且花椒能生麻醉作用，順便止了疼痛鎮了咳，原來是這樣的，哇、哇！

自重慶回來，亂忙一陣子之後我終於用朋友送的一小包「漢源花椒」開始燒菜，將辣椒量減少，加了適量的花椒，配上葡萄籽油和黑糖醬油，呀！真是好吃得不得了！不過是乾燒的肉末腐衣，我自己都讚嘆不已！

高跟鞋越穿越高，辣椒越吃越辣，但當明白了道理，我的辣椒用量一次比一次少了！而花椒的菜式燒得愈來愈好！昨夜我又沒聽見自己咳嗽，不像以前，常常被自己的嗽聲吵醒。臺灣是海島，很多人都溼到手指頭腳趾頭邊都是溼疹的小水泡，我現在已經不生溼疹了！也因身體漸不溼而消了腫，常常不覺自己「那麼胖」！只是吃花椒呢！也不是天天吃，卻這樣見到效益！

我將花椒食譜與紅薏仁食譜交替使用，紅薏仁也是祛溼的寶物！可以不吃藥把身體養好，倒真是一樁美事。

當然我也不因夏天來了而吃冰品，胃病必禁的糯米也不敢再踫，花椒辣椒魚燒豆腐，再以有機萵苣葉捲之，一卷兩卷三卷……我在吃西式重慶沙拉！

一千五百年前三國時代便有的重慶火鍋傳到臺灣後叫「麻辣火鍋」，麻辣燙的結果是吃後讓人燙燙地瀉，我幾次吃幾次都發現臺灣麻辣鍋過份地辣而麻並不足。在重慶，不論在「小天鵝」在「陶然居」在「水泊粱山」在大足的「荷花山莊」或沙坪壩的「鍾家大院」我們都吃了麻辣鍋，但，都沒有不佳後果，辣得香滋滋，麻得香滋滋，吃得香滋滋。可能，還是重用了花椒的緣故。

在重慶只吃到一次豆花，真叫可惜，重慶豆花有些介於豆腐和豆包之間，可以吃鹹可以吃甜，吃時用筷子夾，豆花在箸間跳動，夾了不立刻入口，是夾去沾醬料，醬料各家有各家的味，主要材料當然是辣椒花椒，那味，美至呆點！不知道這東西為什麼沒傳到臺灣來？

好吃的東西造成人好吃，好吃之後更要顧好自己的胃，否則胃吃壞肝也受影響，彩色的日子變褪色，可就太無趣啦！

真感謝好吃的麻辣菜！這東西弄不好就一輩子愛下去了！想想，烤青綠辣椒加花椒浸潤醬油中，紅豔豔切小圈的辣椒拌炒花椒……胃健健康康地吃麻辣菜……這也是一種幸福啦！

◆我自己也驚訝，這一篇〈重慶麻辣菜〉在我的部落格上被點閱了二七二四八次！不得不說：好吃鬼真多！好吃辣的也真多！

別客氣，請用家常菜

家常菜就是家裡經常吃到的菜。

原本我以為這是無需解釋的，每天早餐匆忙午餐便當或一碗麵，晚餐是一家人各自在外累了一天，回得家來餓壞了，要好吃又要用最快的速度燒出三菜一湯四菜一湯的那種讓一家人圍著飯桌的家常食物。

我顯然忘記這已是另一個時代，很多人家中爐灶只供觀賞用，或備而少用，或，家中連「人」都只有一個，談什麼「圍著飯桌」，如果一定要談家常菜，應該是泡麵、微波餐之類的東東吧。

大家都外食，但沒有一個時代外食像這二十年來這樣普遍，「全民外食」是怎樣開始的？

在家，我們吃婆婆媽媽太太燒的家常菜，吃了好多年之後，忽然大家經濟上寬裕了，大量地吃起館子，婆婆媽媽太太也吃膩了自己燒的家常小菜，也放假了，也要吃館子，加上女權高張，沒有人敢說：「妳的職責就是燒飯！」而臺灣的男人又不習慣下廚，於是偶時我們吃像樣的大餐廳，平常為省錢省事便吃小館或便當，小館為了競爭，想盡花樣吸引客人，為了符合「快、狠、準」這現代發達準則，不用高湯用味精，重用油、鹽、辣，多用肉類與海鮮……但，養豬養牛養雞養鴨養魚的人也追求快、狠、準，於是抗生素、生長激素、瘦肉精……然後，豬牛雞鴨魚速速可以變食物，但味道都不一樣了，有的變得有怪味，有的變成「沒有味道」，真的是「白」味道，沒有任何味道！小館只好再出招，最後，拚到雞鴨魚蝦都放味精，真是滑天下大稽。

青菜也沒好到哪裡，大量農藥化肥可達到「快、狠、準」，兩三顆菠菜便有一斤重已不稀奇，以前傳統種菜法半個多月可收成的東西現在一週就採收了，但，也和快速養殖的魚、肉一樣，蔬菜變得沒味道，外食蔬菜供應少餐廳的理由更玄，魚肉可以冷藏冷凍，但蔬菜在未入鍋前體積大、佔空間，不方便冷藏，置放一般位所呢？因著大量化肥農藥，蔬果極易腐爛，尤其夏日裡，葉菜類幾乎隔夜就爛，不堪想像！只好用少量些，每日進貨。

於是漸漸我們會聽到：

「好怕吃喜酒，不論哪一家，味道都差不多！」

「味精太多了，嘴巴都發麻了，一直要喝水。」

「為什麼這樣重口味？又油又鹹。」

「清燉雞、香烤鴨、紅燒魚，變不出別的嗎？」

「這道菜一半是菜一半是葱薑蒜！味道就是葱薑蒜！」

「一桌席十二道菜，只有兩個是青菜……」

哇咧，抱怨還真多。

其實一切都是惡性循環。大環境小環境都在轉動著改變著，這樣轉那樣轉，這樣變那樣變。

最後……

是全部的人都忘記了一個被嫌文雅的詞——醞釀。

醞釀需要時間，時間培養醞釀，老古人早說了，不肯花時間怎麼有好結果？速食是速食的味道，當然也有速食的結果。

對於我這種曾經有家有兒女闔家一起吃飯的家庭型人，即使已在過空巢生活，自己在家不燒點什麼吃吃，那日子是沒法過的。

我當然愛外食，牛排、生魚片，多好吃！這位名廚，那位名廚，不論燒什麼菜都有他們各自的美滋味，尤其做家庭主婦久了，甚至曾經覺得只要不是自己燒的吃膩的味道，都是好東西。也曾因為很少接觸，有時會高高興興幾近驚豔地吃泡麵、便當、漢堡。有一點好笑。

但這全是「非生活」，「非生活」是合身剪裁的西裝加束緊的領帶，帥！是高領旗袍內藏緊身褡，美！或懶散寬垮地出現人眾之前，過分！真正的生活是在家裡，要撤除一切用了強力的加壓傢伙，換上軟衣短袖舒適又做事便利，這樣的真生活搭配著隨性、放鬆、自在、要求不多，既便食物也是如此。

朋友之間互問：你最近曾去什麼人家中吃飯嗎？答案幾乎都是和朋友約了在外面大餐廳或小飯館吃，頂多吃完回家喝茶聊天，也的確，現在已經沒有誰有膽「在家請客」了！麻煩呀！很多人也不會燒菜了，久不燒，忘光光，像畢業以後功課就還給老師一樣，杜拜在哪一國大家都不知，真的忘了，想當年我也能燒一桌酒席哪，現在，當然不成，不成。

可是真的外食吃得不耐煩了，漸漸有人傻乎乎地問：「我們在家吃吧？」有人膽大地問：「可不可以去你家吃飯？」

大家要回歸了，想吃從前的那種家常小菜。

家常菜的特色是什麼？和外面餐廳飯館的不同在哪裡？答案是：

一、絕對不放味精

二、當然少油少鹽

三、買季節菜、盡量用有機蔬果或「鄉下婆婆菜」

四、吃肉吃魚但有半數菜餚含蔬果豆腐類

五、快刀細切、不炸不醃

六、燒好菜後不擺盤不講求虛招

七、燒菜過程不過分勞累

八、不耗用過久的時間

九、不加太多調味料

家常菜真的要十分簡單，以前是因為窮吃得簡單，現在是因為營養過剩必須簡單。記得小時候「炒蛋」就是加菜，蛋炒蛋、蔥炒蛋、番茄炒蛋都是沒有菜或菜不夠或擔心營養不足時的「救火隊」，蛋真是好東西，（「現代蛋」也沒有味道，買些土雞蛋、古早蛋、營養蛋吧！）但既是家常菜就得重視日常病，一顆雞蛋膽固醇含量二六〇單位，每人每日膽固醇總需要量是二〇〇單位，這，這，這，燒菜時一定要算著人頭用蛋，必要時撇掉二三個蛋黃不用，只用蛋白就好，不要捨不得喲，而雞鴨皮、豬油、牛油等等要命的心血管疾病殺手都不必吧！假的牛油，那種植物性牛油有反式脂肪酸也別吃，鮭魚、白北仔這類汞重金屬會積存切片賣的深海大魚也少吃，花枝、小管、內臟這些含嘌呤（普林）高的「痛風促進協會」的食材也少用，當然燕窩、髮菜、魩仔魚、鯊魚有違環保的也不吃，痲煩嗎？習慣就好，好吃重要，不生病更重要。

好吃的人不論去哪裡遊玩不論購買與否，好食材都會是一個大吸引，我在每一個偉大的城市走過美麗的風景賞過令人讚嘆的博物館品過在地特殊的食物、水果之後，我是一定要去逛一逛在地菜市場的，超市也逛傳統小菜場也逛，市場幾乎是一地文化與社會的調查報告書哩！

要吃家常菜最好也養成逛傳統市場的習慣，去傳統市場的人若多，它便比較容易被保留下來，比較不會被勒令拆除而改建成現代化的什麼位所，只有傳統市場才買得到真正傳統的舊東西，真正適合燒家常小菜的食材。

那天去萬華逛三水市場，立時發現不怎樣鹹又沒染色的客家酸菜（水鹹菜），不管重量把兩大顆都買回自家廚房，在三水市場旁又買了李錦利家製醬油。酸菜用辣椒牛肉炒了百頁，那酸菜製作味道差我的初中同學陳菊妹尚有一大截，但我已可以接受，倒是李錦利家製醬油完全是我童年時的醬油味道，濃釅香甘，有豆味卻無甜味，燒什麼都美味！樂壞了我。

每個地方都有傳統市場，有一些些髒，有一些些沒章法，有一些些疲舊態勢，買菜賣菜的人都及不上超級市場裡人的優雅，但它就是迷人，沒辦法！像那天逛三水市場，竟發現市場裡有許多老得脫色的招牌，老得殘舊的攤位，配著老得髮白背弓的老闆。逛到肉鬆攤店、甜不辣攤店、粽子攤店發現賣的東西製作法都與眾不同，老顧客一買二三十年！某些食材店來源特別，別處並不易購得，像我看到來自最好產地澎湖海域的象魚，來自桃園鄉下的自種矮小青蔬，即使生肉嗅聞起來都有香味的宜蘭黑毛豬……真是讓好吃的人讚嘆地發笑。

我因為怕胖又太忙碌，加之怕餐廳館子過分的美食害我健康，偶時也會狠起心咬著牙婉拒朋友相約的美食聚會，但對於約到家裡吃家常菜，我可是從來都厚著臉皮一口答應，甚至不怎樣熟的朋友，只要有人約，我都能手特一束鐵炮百合就混到飯桌上去了，用鐵炮，是因為沒有人抵擋得了她的美啊！

所以有朋友說要來家吃家常菜，我倒不覺「恐懼」，真正是家常，絕不是請客，請客多可怕！而且我幹嘛請客？我只想閒閒地洗洗切切炒炒，燒幾隻小菜，大家難得地鬆一鬆自己，說說話，吃一吃小菜，真正是聊聊家常，吃吃家常菜。

◆不論一家人或是一個人，我都習慣在家自己燒來吃。有朋友糗我：「等妳吃過難吃的家常菜，妳便覺得出門一碗牛肉麵是人間仙品！」啊，我懂，難吃的家常菜天天頓頓，頗有無期徒刑的味道，像朋友K君，事業忙碌，但每日都得回父母親家中燒晚餐，父親拒絕母親主中饋，不說理由只搖頭，母親則拒絕K君妻子代勞，也不說什麼只要求K君務必回家煮一頓飯。

這個這個，大約就是覺得牛肉麵是人間仙品的等級吧。

羅東春明餅

黃春明手中持著一只餅，眼睛詢問：「誰有興趣？」不認識的餅呢！一眼就看出是乾炕的，沒有油、米黃的餅臉上打著微烤的黃胭脂，更突出的是一個紅圈印章，歪蓋在臉側，像跟你擠眼睛。

什麼名字？這小醬油碟般的拙樸的圓圓餅？大小不一的手工餅？「素餅」。黃春明說。「素餅」，真是素名字，什麼花招都不肯要。不必問甜鹹，打紅印的臺灣點心都是甜屬性，這個是一定。

咬一口，不用擔心肥豬肉混進齒縫裡，「有芝麻！」陳若曦說。「有橘皮！」我有好味

蕾吧！

芝麻、橘皮都摻和在黑糖和麥芽糖裡，微微粘牙、微微香、微微硬，因為沒有一絲油，餅皮一咬一掰便碎粉粉地崩下，可糖的黏度又將大塊的麵給結合住，特別的臺灣土餅，好吃得讓我立刻眼盯餅袋子，呵，空了。

「哪裡買的？」

「羅東。我小時候就吃過。」黃春明的臉亮了起來，他知道這好東西朋友欣賞。

當然，一票子人腆著在「菜根香」吃得飽飽飽，香香香的肚子，走繞一大圈路，我們去買素餅。

羅東小街，店鐵門拉上了，只留了一個小門，老闆娘正預備打烊，好險！

餅一包一百元，五、六個一包，一個又一個的黃胭脂臉，一個又一個的歪擠的紅印眼睛。

拎了三包，開心地回家，這才發現塑膠袋全透明而沒有任何店招或圖案印記，也沒有向店家討名片什麼的，這以後要吃，只好再找黃春明了。

這好吃的素餅有一點神奇處，看報紙、讀書、寫功課，掰著掰著，一只餅消化入肚，所有吃過的人都說：「再給我一個好不好？」最妙是可以配咖啡，土臺灣拙餅，竟然配咖啡十分適口！配茶，當然更不必說。

嗯，多個事，素餅名字太呆，叫這黃春明自小便吃的圓餅叫春明餅怎麼樣？羅東春明餅。

要吃，問黃春明去。

那位在羅東的店子，一室的瓦楞紙箱，以及一個又一個的超大竹籮，完全舊派，也就是住家，工場在一處，大門廳裡擠出一片地當賣店，所以店名字，也就不那麼重要了，店老闆在意的怕是做餅這件事吧！

◆古早的時候大家窮，小食常蓄意混充著肥肉、豬油，那等時日入口香滋，現代人卻苦於膩喉逆口！我幾乎少遇不雜豬油的甜品。

羅東素餅純素，餅餡細緻微小，黑芝麻都是磨成細碎，更不必說細成屑的橘皮及其他的什麼寶。素不是馬虎，素也要細緻才是好物。

說餃子

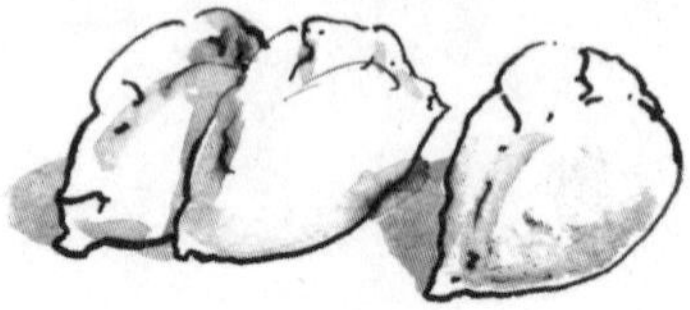

我一直篤定地認為：臺灣這些年「吃」這件事的受重視是因為社會不安定、人心不平靜，以致總得有一些事可以非關政治，無涉選舉，也扯不上省籍情結，即使在政治、選舉、省籍上被牽連到，也不會被批被評，這事未經公投，但大家有志一同，只有贊成，未聞反對，將緊張、壓力、不安、疲累、沮喪、懊惱……全部投射在「吃」之上！「吃」可以解決一切！看看食譜大賣，談吃的文章那樣多，為了吃可以組成旅行團，美食家地位提高，任何電視節目都可以加入「食物」這件事，快樂要吃點東西來助興，來慶祝，不快樂則得吃點東西來彌補、來安慰……。

吃東西萬歲！

都說這兩年不景氣，但飯還是要吃，大餐廳賣的是奢華，生意難維持，但小攤小館生意只有好沒有不行的，而且愈平民化愈是「可以賺」！其中麵與餃這兩項食品大約已到全民化的地位了！尤其牛肉麵，簡直是「國麵」，大城小鄉村子角角巷子尾巴全有著「原汁牛肉麵」、「老牌牛肉麵」、「張媽媽牛肉麵」……的招牌。水餃則連招牌都不必，有麵常有餃，店裡吃或超市中買冷凍的，方便至極，我的臺東朋友高雄朋友新竹朋友基隆朋友，家中冰箱都時常凍著韭菜和高麗菜水餃，連小孩子回家都懂得煮二十個來填肚子，七十歲阿姨也早將水餃當一餐飯而不是拿它當點心了！

水餃是臺式稱呼吧？北方人眼中餃子就是餃子、餃子有水煮的有蒸籠蒸的，吃剩的餃子冷透了，不能再煮，放鍋裡煎一下便成煎餃，不論水餃、蒸餃、煎餃、餃子就是餃子，北方說法裡沒有「水餃」這兩個字。

北方諺語說：「包子有餡，不在褶上。」意思是包子包得漂亮，麵皮上的捏褶美麗沒什麼大用，包子好吃是看內餡如何！其實餃子更厲害，餃子好吃又得看內餡又得看外皮呢！

很多人把餃子當食物，但很少人認為餃子是了不得的美食！究其原因是現代人吃的常是

「商業餃子」！北方諺語又說：「舒服不如倒著，好吃不如餃子！」最舒服的事是躺倒在床上，睡著或醒著都好！最好吃的東西不論是什麼，味道都不如餃子！那餃子，可是真正好吃的啦！

餃子好吃，麵皮重要！

有朋友愛吃餃子，便四處尋訪，終於訪到好吃的餃皮，開心地買回包餃子。買餃皮？聽在北方人耳裡，直嘆「老桿」！買的餃皮是機器製造，怎麼樣吃都是機器味道，真正的餃子一走得用手工擀皮才叫好吃。從前大學生的週休娛樂或「到教授家去」一定有包餃子這一項，當時包的餃子都是自己和麵自己擀皮，「包餃子運動」後來隨著大學畢業被帶到國外，變成「留學生運動」，留學生聚會鮮有不包餃子的！當然也全是大夥一起擀皮一起包！最妙的是和麵擀皮的幾乎都是男學生！

真是曾幾何時，竟然日子過著過著，包餃子這事「式微」了！大家吃冷凍水餃一如吃漢堡、便當，冷凍水餃由超市拎回來便得，哪可能有聚集了做的快樂？問上一問，七年級六年級不說，連五年級四年級的都當「包水餃」是巨大學問，還真讓三年級二年級的大朋友們擠不出笑容來！

北方人說餅皮要軟餃皮要硬，所以烙餅講究的要「燙麵」，餃子皮用「冷水麵」，這「燙麵」的「燙」字是動詞，用滾水去澆淋麵粉，使麵粉立時變熟，待冷才揉和成麵糰，叫「燙麵」。「冷水麵」是用冷水攪和麵粉，揉出的麵糰是生的，便叫「冷水麵」。不過我曾不小心用燙麵包了水餃，煮後食之發現餃皮口感特別又帶著一股冷水麵餃不可能有的微淡甜味，火候稍過便會餃皮發粘，如無經驗，餃皮還是冷水麵便好。而市面上賣的各式餅雖號稱「北方」××餅，其實都以冷水麵的居多，只是烙時加了豬油或大量沙拉油，使餅變得柔軟可口，不過那樣多的油分吃到身體裡，對哪個臟器哪根血管都不是好事。何況「烙」字本身意思是「用燒熱的金屬器具燙某物」，並不像炸或煎必需用到油，街市上的蔥油餅應是煎餅或炸餅，不能算烙餅。

說做餅還是容易的，只要麵糰「醒」得夠就沒什麼問題，什麼是「醒」？其實是燙好的麵放冷，揉搓、成糰，然後將較溼的毛巾蒙在麵糰臉上讓它睡覺（咦？是睡不是醒哩！），等睡足麵糰便醒了！（是麵糰將被揉搓時壓縮在一起的緊分子舒鬆了來啦！）做任何麵食都需經過醒麵的過程，而且大約三揉三醒，沒有變成餃子前，麵糰都需要用溼巾蒙著臉。

但要如何說擀餃子皮這件事呢？餅皮容易，用擀麵棍將圓糰壓扁擀平，愈擀餅皮便愈大，但餃皮是用兩手並用，左手捏住皮，右手推動擀棍，兩手必須在推擀棍和收擀棍間合作無間，如果這樣寫，讀者或許能懂？左手捏餃皮（最早是小麵餅）右手以掌心壓按擀棍，推棍時棍壓麵餅，退棍時左手捏麵餅的位置轉移（轉了之後移動），一推一退一轉移，小麵餅便成餃皮了。唉！有些事物是實用派，用嘴，使不上力哪！餃皮中間不能太厚，會煮不熟，太薄易破，好吃的得靠手下工夫！而且，麵粉有全麥、高筋、中筋和低筋四種，餃皮只能用全麥和中筋，其他的不合適。

餃餡一般人以為就是韭菜、高麗菜，其實是菜皆可入餡，有人嗜愛黃魚肉餡及蝦仁餡，我吃過幾次，愛不起來，我心目中的餃餡第一名是香菜（芫荽），東北酸白菜列第二，韭菜花列第三，芹菜第四，當然，如果不怕麻煩（例如處理、尋找……）番茄、薺菜、馬蘭頭都可擠進前幾名！並且肉要少，菜要多，除了自身味道特殊的都得多用蔥花，而且絞肉（或剁碎的肉）中要加水，邊加邊攪拌，待加入切碎的蔬菜後滾得加油、鹽，（千萬別加味精！）蔬菜水分多的如大白菜、蘿蔔都得在切碎後將水分擠掉，否則會做出一盤盤爛水餃！再加一句「北方人說」：除非吃素，否則餃子沒有素的，餃子什麼餡？「香菜餡」、「韭菜餡」指的絕對是「香菜豬肉餡」、「韭菜豬肉餡」，若不是豬肉餡會特別指明「蘿蔔羊肉餡」、「大白菜牛肉餡」。

我的父親童年在黑龍江度過，他敘述老家冬季包餃子，全家幾乎無分男女都總動員，反正戶外零下幾十度什麼事都停擺了！包好的餃子放在一塊大木板上，窗戶檯上擱一下，立時餃子便凍成冰餃。那時家家有地窖（有點像美國西部電影裡那樣），冬裡掀開地窖門，將成筐成簍的土豆（馬鈴薯）推倒入窖，再潑上一層水，待水成薄冰，再倒上一層馬鈴薯，再潑水再……就這樣便成了一個大冰箱，一吃數個月，冬天的蔬菜大約就是馬鈴薯、酸白菜，沒有其他了！隆冬吃到開春。冰餃子的歸處也是地窖，一只超大木箱，冰餃子叮叮咚咚扔進去，一大板一大板，直到裝足了可以夠過年的數，臘月裡加上正月，全吃餃子，尤其過年的時候，若是煮餃子煮破了，口中得唸叨著：「掙了！」「掙了！」（掙破了，但和掙錢同音）否則全家都得白眼看你啦！

父親包餃子一向包得小，曾聽一位北方老太說：「村門小戶才把餃子包成盒子大！」盒子指的韭菜盒子，雖說誇大，但「北方菜粗」指的也是「村門小戶」吧！孔府的菜可一點都不粗呢！

冬裡包酸白菜和香菜餃子，春來，看看南門市場裡買不買得到薺菜或馬蘭頭？嫁給浙江人學會了吃這兩樣美菜，也算是一大收穫吧！

◆太久太久沒有自己包餃子了，心裡總念著老而累的雙手兩肩留給文學吧。不過會這樣想當然是因為已經有不比自家餃子差的冷凍餃在賣了！四元五元錢就能買到一顆手擀皮餡子也滿意的好吃餃子，一頓十個就飽飽，開心得緊！

味蕾之歌

我一直認為旅行與吃食有戀愛的感覺，在澳門，可能散步與美味最最激發我這種感受？第一次聽到香港朋友說他「去澳門吃東西。」我大大吃驚！香港東西多好吃哪！而香港朋友所持理由：「澳門便宜不說，食物滋味和香港不同，也更好吃。」真的嗎？真的嗎？後來明白了「便宜」「更好吃」的確實，也了解了「食物滋味不同」是澳門食物普遍帶有葡萄牙色彩及澳門人自己喜歡「研發」。

葡萄牙海船在十六世紀縱使能遠由大西洋一路威武地到達澳門，這威武的過程必也經歷過許多變數，十六世紀、十七世紀、十八世紀……一路行來，木殼船得一個港口一個港口添煤、加水、補貨……僅以食物來說，葡萄牙廚子在由葡萄牙攜出的烹飪食材用罄之後，必得在沿途港埠添購其他替代食材，以致到了澳門，真正的葡萄牙廚師烹煮的真正葡萄牙菜已經橘逾淮為枳，是而不完全是，真而不百分百真，多少年來澳門的葡萄牙菜已發展出「澳門式葡萄牙菜」了！而善吃擅烹的澳門人（或說中國人）又將自己原有的一套套在葡菜上，「澳門式」的獨特便更強烈！就像蒙古烤肉蒙古並沒有，鼎鼎大名的「葡國雞」也只是澳門菜而非葡萄牙菜一樣，這樣的情形頗眾。但因此趣味性也更增。

我在澳門竭盡可能地吃，不以量取而以「種類」勝，貪饞的孩子童心大起，妄想每一種東西都嚐一嚐，常懶懶地倚坐哪個公園哪處路邊的哪張條椅上，歇憩了腳也歇憩了肚腹，便又重新出征去。

真是吃了不少東西，幾乎沒有非美味，並未吃到C級食物，B級且不說它，A級和A'級就不少了！第一頓吃帝濠滿福樓，號稱「解肌退熱防治高血壓」的「粉葛鯪魚煲豬蹄」，我為其中的「粉葛」著迷，其實是「葛粉」吧？葛薯做的。如果沒有這東西，鯪魚燒豬腳，怕是普通了點。值得一提的是炒飯，我很少在外面吃炒飯，我家炒飯屬於菜飯，眾菜各自獨炒，炒好再和炒好的糙米飯混炒，一口炒飯入嘴，菜香筍香肉香飯香各自獨立，互不相擾，卻逼得你不肯住口，連連吃完一碗，帝濠炒飯看來簡單，不過菠蘿、蛋、肉，略有青菜，便一小箸入齒頰，我便決定將那一小湯碗飯完全吃光。不油，少鹽，無味精，菠蘿、肉、青菜均分勻停，好炒飯。或許廚師有其他祕訣在炒的過程裡？在凱悅飯店的紅鶴廳吃到好吃的蟹蒸，這算是道普通菜，將蟹肉蟹黃加一些其他入蟹蓋，或烤或焗或蒸，平日我雖也能一蓋吃淨，卻也常只盡半蓋，並且不出一語——不好當著主人評損語，又不宜昧著心讚誇什麼，但紅鶴蟹蓋好吃，雖賣相略差（蓋上糊焦太明顯）可真的好吃，相信是廚師的那些「其他」加得好。有人對同桌的「白酒香蒜沙甸魚」愛到連吃兩尾，這東西因在家太常吃，我的興趣不濃，沙甸是沙丁魚的廣東音，沙丁魚，四破啦！臺灣菜市有鮮貨及蒸煮過的熟魚四季供應，我家十五歲半老貓ㄆㄧㄚㄑㄧㄥ靠沙甸長壽健康，這種在醫學養生上被稱為「破癌」（破除瘤病）的好魚，與鮭魚一同，被認定「必須」每月都吃，我常ㄆㄧㄚㄑㄧㄥ一尾我一尾，吃得貓健康人健康，在紅鶴的得意是：我的沙甸未用白酒（我用陳紹或黃酒）滋味和紅鶴的不相上下。

在澳門吃食中有幾樣東西讓人不得不折服！

在葡萄牙便吃過Bacalhau可發不出華語語音，據說關於Bacalhau的食譜即超出一千種！

在澳門它被譯為馬介休，這讓人想到「馬蓋仙」的食物其實是醃鱈魚，深海鱈魚我們常吃的呀！臺灣多蒸了下飯，中餐西餐都多用，醃成鹹魚的鱈魚倒不多吃，這「葡萄牙鹹魚」據說鹹得死人，在澳門菜裡這魚是經過淡化的，說來好玩，先用大量鹽醃得鹹鹹鹹鹹！然後用水洗洗泡泡兩天，好像將長馬靴穿在長裙裡，何必哩？但馬介休是有餘味的食物，幾乎有喝茶「回甘」的感覺。澳門菜裡有一種「馬介休球」，供應普遍，我們在葡萄酒博物館喝紅酒白酒都有馬介休球做小菜，在聖地牙哥酒店喝下午茶有馬介休球做點心，在威斯登度假飯店住，連早餐都有馬介休球供應，這東西，初吃怪怪的，但一球之後，漸漸感受到美味，我想，打扁了夾土司或配白稀飯一樣會好吃！不過當下酒菜味道是最好的！

我是愛吃米飯的北方人，全套的麵食本領是貢獻給愛吃麵食的南方丈夫的，因之對麵包興趣也並不大，尤其臺灣的麵包，甜麵包像點心，鹹麵包或白麵包常欠缺個性，不引人。吃西餐時的「臺式」小餐包更是糟，軟嘰嘰，裡面一汪廉價牛油，半熟半不熱甚至冷涼涼的送到桌上，有時大蒜麵包也是回過爐的，只硬不脆，既不新鮮，味亦欠美，以致我選擇西餐廳有時會以「他們的麵包不錯」為要件。而澳門麵包真是讚！何止「佳美」二字而已！幾乎每一家的麵包都好到A級！鼎鼎大名的大來記炭烤豬扒包雖未吃到，但不論氹仔或澳門本島或路環，不論大酒店或小餐廳，澳門的麵包相貌平平，味道則驚得舌頭一跳！外脆內韌，鮮香獨特，手撕成絲，口嚼不黏，這是我第一次旅行想到要「帶麵包」回家！

一路辛苦伴著我們的澳門旅遊局的 Margo 在我吃飽頻頻要求散步的時候說：「帶你們去吃水果撈！」誰規定吃飽要吃水果？不吃！吃不下就是吃不下！我們由大三巴牌坊下來，烈日炎炎，澳門的太陽不輸臺灣！幾步路便到了「賣草地街」。好小一間店「禮記士多鮮果撈」斜在眼前，真的要吃嗎？真的吃不下！我搖頭，不吃。看到小店旁圍著吃的人和排著隊等待買的人，大塑膠杯裡水果塊竟是泡在果汁中的，牆上寫：鮮奶什果十六元，芒果汁什果十六元，有人杯中是西瓜汁，有人杯中是柳橙汁，裡面都泡了什果，就是什麼水果都有雜著放一杯啦！我要了一杯馬蹄汁什果，馬蹄就是荸薺，清清香香泡浸了芒果、西瓜、奇異果、哈蜜瓜、草莓、木瓜……色彩美麗，心想，舉在手中看看也不錯，等一下再吃，結果……

到澳門之前便聽說澳門的「糖水」好過香港，在帝濠酒店吃了燉奶和楊枝甘露，心中漸漸回到多年前在香港吃糖水的甜好場景！港澳式的甜品在臺灣少有，少數的那麼幾家感覺與滋味都不「港澳」。在香港曾經瘋到每日都要吃荸薺生果和甜品糖水，無論怎樣走怎樣拐，一定要吃到！先從名字怪的著手：「桑寄生雞蛋」、「雙皮燉奶」、「盲公餅」……在澳門每當經過「義順燉奶」店門口，不是飽脹足足，便是時間不夠，最終終於沒有吃成，人說到澳門不去義順吃燉奶、撞奶，等於未去澳門，我正懊惱得要死掉時，突然思起有年曾特別趕到香港義順吃糖水，而香港義順的母店即是澳門義順啊！也算消了些委屈！於是，腦中認真地開始思維下一次，下一次到澳門的時間……

澳門餐廳之多，應完全是因應觀光客吧！而觀光客的嘴多麼刁啊！所以手藝不佳的廚師恐怕是無法在澳門生存下去，我無力吃盡澳門餐廳，但一間「九如坊」已經深得我心，舌上味蕾齊齊高舉投降了！在「九如坊」隨口「禮貌」地吃了下「焗鴨飯」，因為我對鴨肉素無愛意，菜餚多又美的狀況下也無需吃飯吧！但一圓缽焗鴨飯沒有人動也欠禮貌，我便象徵性舀了一匙，不料吃完想大叫！味美到不可說不可說！不知應用哪樣的頌詞讚美！在澳門吃了那樣多美食，「九如坊」焗鴨飯得分A，第一名！「九如坊」當天其他菜如芥末羊排等其實已經好吃得「要命」了！但焗鴨飯，啊啊！焗鴨飯會讓喉頭舌頭與唇齒一起唱歌哪！其實，不過是鴨肉加葡萄牙香腸罷了！但是「九如坊」有澳門總督府的首位華籍主廚（也是唯一一位吧！）盧子成顧問主廚，專門設計、指導「九如坊」的菜，也就設計、指導了老饕們的舌與胃了！聽說臺北也有焗鴨飯，我是決計不去光顧的！我的第二次焗鴨飯仍然候於「九如坊」！或許特別為義順燉奶和焗鴨飯再去澳門！

三天旅程，我沒有注意賭場在何處？也忘記問什麼色情表演，全神貫注在吃食和景致，快樂呀！不必簽證的澳門竟然不必是去香港遊玩的附屬品，一如《白蛇傳》，近年來戲曲、舞台劇及電影片都漸漸重視到青蛇的世界，白素貞揚名千年，但現在轉到小青翻身吐氣了！澳門自擁她的美與誘人，適宜正常日子裡忙碌又雜亂的人休憩小歇，只是住店、吃飯、四處亂走即是快樂。

它真是平和平凡的地方。

我喜歡。

◆吃到好食物是得靠運氣以及自身本領的。譬如；我第一次吃猴頭菇，明明有好湯頭有好配料，什麼感覺都對，獨猴頭菇一味白呆，什麼感覺都不具，不好吃。第二回吃素，看到猴頭菇，心想就淺嚐一下吧，不料讓我吃得舐唇吮舌滿意得很，想來，是我偶時味蕾神經放假去了，想是如此吧。

那些舊時味

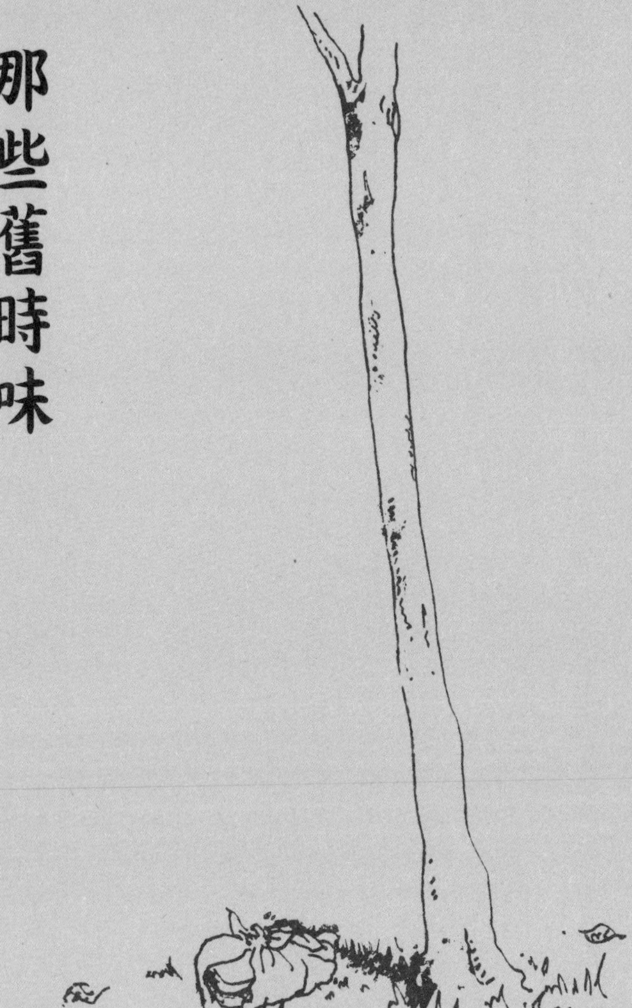

梅桃李杏

春三月就在傳統小菜場看見了梅，大塑膠袋裝著青玲瓏黃玲瓏，我懂，青梅可以做脆梅、紫蘇梅，黃梅可以製梅醬、製酒，每一項都使人想望著便要酸醉。我日日看，週週看，每看必心動一回，不難呢，洗、晾乾、有的再搓搓揉揉……可我念頭香酸醉著，過後，卻也就罷了，知道手邊的事著實多，心情不對。

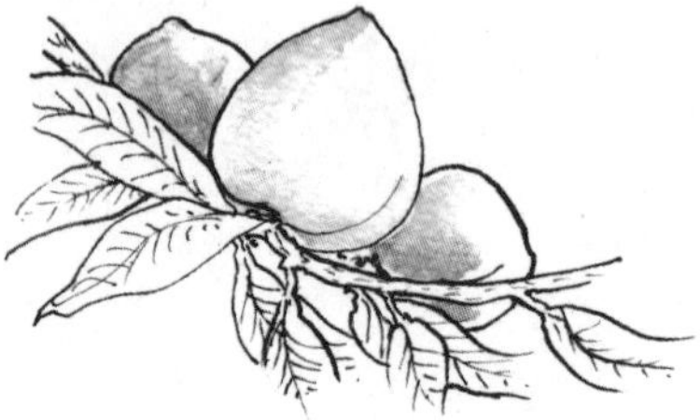

春五月，水果攤上盡是展顏的桃李。

做小小孩的時候居住的山鄉十分僻遠，甚至全鄉的買賣行為都還不普遍，更無人有吃零食、水果的習慣，但鄉人多是佃農，種桃種李多得是，五月時節我們常跟著同學入得果園樹下痛吃，母親就教了：「桃、李、杏傷人」，無非是讓我們少吃桃李免得鬧胃腸。但果子成熟必須苦心等待，入果園機會也不是天天有，小孩才不管它傷不傷人！而且這樣吃那樣吃從來都是舒爽事，哪有傷著什麼。倒是杏，杏是個什麼東西？

「嫩黃嫩黃，圓圓的。」母親說。「梅、桃、李、杏各有各的味。」母親一言一語，但很快斷了我的希望：「杏臺灣沒有」，又補一句：「要冷地方才產」。杏從此變成心中，不，舌間的一個想望。至今只吃過杏脯，味道還真不錯，一種異香及特殊的嚼感，最好的是只要想到「杏脯」二字唾液便汩汩而湧，比李鹹、話梅、化核應子都靈，十分奇妙。

不知新鮮杏什麼滋味？

沒資格說杏，來說李。

李即使成熟，果皮含的「單寧」也澀得人下巴頦猛抖，便有人把紅皮黃肉的水李打扁變破碎，摻了粗砂糖漬，隔一小段時間便將裝李的大碗上下顛晃地移動，喀囉、喀囉、喀囉，水李在大碗裡發出誘人的聲響，糖便溶了，李便甜了，喀囉讓李和糖做最貼身的粘合，破碎的李肉更使唇、齒、舌製造出許多許多唾液來，吃得嘖嘖啜啜。也有不打碎，水李先加鹽「殺青」，會不那麼酸澀嚇人，再加甘草粉或加薑末、糖來醃，明明紅皮的李卻染成了黃身，和所有加了甘草粉、薑末的水果相同，這種李有特別的香甜味。破碎李和甘草李我少時每吃必半斤一斤，老來，吃三、五個便罷，有時還得配平胃散，不過吮手指的毛病是沒得改的。

有人端午拜拜案上必得有紅肉李，典故不知何來？清朝時四川成都人端午時在成都城東南角的城樓，有樓上樓下對擲李子的習俗，或許和西班牙番茄節相似？人們互擲番茄來祝豐年？端午擲李說是觀者動輒數萬，清朝呢！

紅肉李許多人拿它沒辦法，吃兩個便投降，小時小孩們都像老鼠般用門齒啃齧果皮再吐掉，吃那剩下少少的紅李肉也樂在其中，吃時小心與不小心都能將紅彩汁流淌臉上衣服上，真悲劇也，因為回家會在小屁股上得母親一巴掌。婚後有了孩子，「兒童料理」必須廉而營養，「春末李湯」成為要角，吾家一向以大鍋加水煮三、兩斤紅肉李，煮到果肉軟爛，用大匙瓢壓成泥，加粗砂糖溶攪，熱吃香甜，冰飲歡暢，還不待吃「傷人」一鍋便了，待休兵數日再煮，傷不了誰。若真鍋底有餘，放得果皮單寧和湯中糖份混得醱酵，就成了帶酒味的甜湯，或說甜湯已像甜酒，吃喝了還真有醺醺之意，那就變為成人飲品，偶時不擅酒的丈夫和我一人一玻杯像紅酒的非紅酒，相對笑飲，快意非常，似乎也醉了。吾家全家每年五、六月便指望這一大鍋又一大鍋的快樂。

桃，幼時吃的就是硬不啦嘰的嘛，以為桃的甜度也就是五十分永遠不及格的嘛，後來一日一日一年一年的做菜場採買，所見的桃都挑動不起我的興，頂多買幾個甘草水漬的小桃滿足一下孩子，尤其避免孩子去買藏在小塑膠袋裏什麼化學顏料塗浸混染成橘紅色的可怕桃子乾，據說加上芒果乾、橄欖乾這橘紅色三乾是六〇七〇年代人共通的回憶與鄉愁。

但真正的桃不是這樣的。

第一次聽父親談水蜜桃覺得父親又開始為故鄉說大話，像以前說的生吃的辣得心會疼的蘿蔔在故鄉會「蘿蔔賽梨」而「心裡美」，小孩子的手拿蘋果雙手各別使勁就把蘋果掰成兩半了，（父親說「兩半ㄌㄚˇ」）現在又說那水蜜桃只消咬一個小口子，然後吸吮美汁就行，最後只剩一張裹著桃核的桃皮，呀！真是，真是……

我第一次吃到好桃是在洛杉磯吃玫瑰桃，入口嫩軟香甜的衝激讓我很吃一驚，超市裡一大網袋才幾塊錢美金，有一天忍著忍著早晨上午中午下午黃昏晚上臨睡，硬是各吃一、二個，我彆扭的胃竟也欣然接受，但我少見的怨惱並不屑自己的毫無毅力又全沒志氣。

我愛上的玫瑰桃後來大批進口臺灣，先叫加州桃，然後有了油桃的名，乘船漂洋過海也只減了三分味而已，而且還曾有過一百元十二個的廉身價，真樂死我了，有一陣子將桃放置白色大盤，乳黃色的桃身暈染著薔薇頰一樣的紅在桃尖，每日功課之一是逐顆美桃捏捏，捏到哪顆夠軟便吃哪顆，若得兩顆夠軟便吃兩顆。等到拉拉山的水蜜桃普遍得價格沒那樣嚇人時我才算了解愛桃還是「有錢比較好」。拉拉山以及尖石以及福壽山以及花蓮臺東……那些水蜜桃雖都不能「最後只剩一張裹著桃核的桃皮」但桃形的美桃色的誘人桃質的水潤蜜香及口舌說也說不明白的清清柔甜，都「夠了」，是至極的享受，是極至的慰安，是「有了妳我什麼都不要」的滿足。

食物滋味至此，還有什麼可說，只可惜價格真不是寫字人負荷得起。

但，我仍愛桃。

經過了一年、多年、年年，是變成大人之後才開始吃這個也常鬧胃腸吃那個也常鬧胃腸，也漸漸了然，健康的人愛怎樣吃便怎樣吃，一旦吃過了頭真的能被食物傷著了，傷人的也不止桃李杏。

就不要吃過頭，就少吃些嘛，我現在吃東西比較懂節制了，但只是節制，愛吃的絕不戒治，因此，我依然年年桃李，桃李年年，春月啖桃啖李，那是美日子啊！

◆「那羅文學屋」位在新竹縣尖石鄉的那羅部落，是作家陳銘磻四處求錢募捓設計建出來的，為的是給他愛的尖石一個文化的場所，那是臺灣少有的深鄉民建公益文學屋，內裡有圖書可看，部落可以集會、教學或做一點簡單農事，偌大一間玻璃房子，矗立山邊水湄，耀眼！

先前尖石在哪處誰也不知道，好吃個兒大又便宜的尖石水蜜桃總得頂個拉拉山水蜜桃的名，我愛挑春五、六月去尖石，探望那羅文學屋也一併探望尖石水蜜桃。

對，買許多盒回家贈長輩、朋友，我一年幾乎就買這一回水蜜桃。

紅棗生南國

在超市買到標有「公館紅棗」的新鮮紅棗。臺灣也產紅棗嗎？臺北公館竟生紅棗？再細讀產地地址，卻是苗栗公館。那是第一次知道關於公館，關於公館紅棗。

第一次造訪公館已是耳聞公館名十多年後，一夥人自冷氣車裡精神奕奕地出來，撩髮、理衫的城市優雅不到一分鐘便被公館七月天的日頭給逼呆了臉！怎會熱成這樣？但無妨，我們心裡早有準備！口腹愛紅棗，臺北難買著，當然去觀光果園摘！公館是臺灣少有生產新鮮紅棗的地方，產期只有七、八兩個月分，七月總不比八月熱吧！

中國大陸北方產黑棗，南方生紅棗，公館紅棗由廣東潮州引入已一百來年。臺灣其他地

Zizyphus Jujuba Mill

區也曾試植過紅棗，但果不甜量又少，可能公館產紅棗的福基和石圍牆兩地砂礫土質和潮州類近，紅棗才生得好？

印象中棗樹高大，不想公館紅棗樹早已改良成一人高甚至半人高！細枝小果，滋味卻潤甜甘香，讓人停不了口！

我們摘果的地方屬石墻村，稱「石圍牆」，見到或略高或低地的紅棗園中都有邊界牆以大卵石堆疊築起，是客家人習慣以這種方式來區隔地界，每一棗園中幾乎都有，所以稱此地「石圍牆」？後來才知其實有典在後。

客家人之所以稱「客家」，是因為臺灣先有原住民，後有閩南福佬人，早在明末鄭成功時即有少數廣東東部的居民隨軍來臺，但之後又被清政府遣散回去。康熙二十三年（一六八四年）取消通海之禁，大陸人士開始由海域進入臺灣，康熙二十五、六年，廣東嘉應州屬的鎮平（蕉嶺）、平遠、興寧、長樂（五華）等四縣的人士大量隨閩南人之後來臺，這便是如今客家人言語中「四縣話」的由來。四縣的人先是居住臺灣府城附近（今臺南市），康熙三十年，因為可墾土地愈來愈少，他們便南下，移居至屏東高屏溪東岸及東港溪流域墾居，愛家愛族的廣東人便開始將家鄉親人一一接出來，定居臺灣，之後數十年，廣東人不論依官道合法進入臺灣或以小船偷渡臺灣。來人越來越多，並且連福建的客家人（當時還不叫客家人）也來了。據陳運棟先生《客家人》一書中所敘，「本省從開始以來移居到臺灣的漢人，福建省系的占百分之八十五，廣東省系的嶺東客家人占百分之十五。」而「來自粵東及福建汀州府屬的本省籍客家人，以分布於桃園中壢至臺中東勢間的丘陵地及山谷間的人數最多，屏東平原東側倚山之地次之，約為前者的四分之一，在本省東部縱谷地帶的客家人……大多數是在後期由西部『客庄』遷移過去。」

客家移民數量膨脹極速，原先原住民及閩南人都認為是「來做客人的」那些說四縣話和說海陸話（海豐縣、陸豐縣）的人，漸漸變成了搶水分地的競爭對象，這是何等嚴重事！於是原先在大陸便是分布於「群山之中」的客家人，便與閩南人隔開，固定地在較貧瘠而閩南人不居住的山麓、丘陵開墾起來，但與原住民、閩南人之間爭執仍然不免，以公館石墻村一帶來說，即常與泰安、南庄的原住民發生紛爭，石墻村民便由後龍溪中撿取大塊卵石在自家院外築起石圍牆，還種上叫「鳥不棲」的莿竹做防禦工事，這工事綿延連續，給居民安全保障。後來原住民漸漸漢化，與客家人之間不愉快事件愈減，為表示雙方和睦，有某些石圍牆便被居民拆除。一九三五年關刀山大地震曾將石墻村全村夷為平地，村民死亡八十餘人，牆也震得剩下一小段，不過客家人已習慣取石築成地界，因此目前在石墻村仍可見許多較小卵石堆疊而成的小石圍牆。

紅棗好吃，又稱大棗的這長橢圓形紅色小果在醫理上補脾和胃，益氣生津，能解毒、能安神。目前公館的生鮮紅棗以觀光果園方式招徠顧客，入園領一只桶，或塑膠或洋鐵，顧客自行在矮樹旁摘採，摘畢稱重，當然，和一般觀光果園相同，在果園內吃的，園主請客，不要錢。

公館鄉位居苗栗縣中央偏西，以前名叫「隘寮下」或「隘寮腳」，日據時期是官府辦公地，便稱「公館」，交通上由中山高下苗栗交流道沿六號省道往公館、大湖方向，或由苗栗乘新竹客運亦可。很方便到達的地方，只是七、八月紅棗產期，記得穿長袖、戴頂帽子唷！

◆除了水果棗，我吃的鮮棗只有臺灣公館棗。
小小公館棗咬破外皮的剎那，清清輕輕的甜汁會慢慢地沁入口腔之中，是與其他水果全然不同的甜香，那麼……是的，很想很想嚐嚐其他的鮮棗。

金蘿銀蘿

暑逝秋涼，傳統小菜場裡青蔬也應換了角色扮演，這個季節原本該來的「植物性食材」因為莫拉克等幾個颱風給吹打得亂了套，許多蔬果都沒能及時上市，許多蔬果上市卻又失去了時鮮準頭，譬如秋蘿蔔。

臺灣秋蘿蔔名喚「牛杙仔」，用臺語發音是「古起仔」，跟牛有什麼關係呢？原來舊時牧童放牛將小木條釘入土地再把牛繩綁繫在小木條上，牛被拴住行動範圍只在繩的半徑圓周裡，牧童就可以有暫時的休息時間、遊戲時間。這根長木條就是「牛杙仔」，形貌像拴牛木條的長蘿蔔是一年中最早收成的蘿蔔，在舊時量少、營養、好吃、價較貴，所以稱「十月人

蔘」。

秋蘿蔔冬蘿蔔春蘿蔔，都好吃好吃好吃，可夏蘿蔔不行，夏蘿蔔味苦。今年颱風天蔬菜不足，政府進口救急的「植物性食材」一大部分就是與「牛杙仔」同一體系的的長蘿蔔，這種滋味絕美的進口蘿蔔怎麼燒怎麼好吃，在盛夏臺灣少產蘿蔔時以二十元一條的廉價煮進了每個家庭的廚鍋。

蘿蔔季節以蘿蔔燒的菜常稱「銀蘿」，「銀蘿牛腩」、「銀蘿炆肉」、「白汁銀蘿」都是。但金蘿在臺灣的地位可沒有什麼菜可堪比高下，金蘿，蘿蔔乾是也。

等再過一陣子小菜場裡蘿蔔會沒有「秤斤賣」這回事了，你問蘿蔔怎麼賣？會出現這款答覆：「一個十塊，兩個二十，三個二十五，四個也二十五，五個三十。」簡直聽不懂，個頭不大，但是好吃得不得了的蘿蔔呢。

天冷了地寒了，十字花科的蔬菜紛紛趁著低溫展開愈冷愈甜脆的架勢，也是十字花科的蘿蔔大批的甜脆的收成，收成愈多價愈賤，蘿蔔田壟裡行走的農人和小菜場裡把蘿蔔堆地成山的農婦都擰眉皺臉，賣便宜也少人探問一聲，菜市裡菜販都在賣蘿蔔呢。

我唸高中時有這麼一回；父親見一男子在路邊賣又白又胖的圓蘿蔔，走過去扁擔兩頭的兩筐蘿蔔在，走回來扁擔兩頭的兩筐蘿蔔還在，似乎一個不少，那老實男就一直佇在那裡也不懂叫賣，父親面向著他他也只會面向著父親，一句話也說不出來，父親著他將一擔蘿蔔挑到家後院，男子喜孜孜收下錢走了。母親問總是買到貴價東西的父親：「不會買貴了吧？」，父親只隨意晃兩下手，剩下發傻的母親面對著堆在水泥地上的白蘿蔔山。

我們燉了蘿蔔湯，拌了蘿蔔絲，炒了蘿蔔片，也不過用了幾個蘿蔔，後來父親指派我洗蘿蔔，我直洗到十指皺白，頭暈眼暈。父親領軍，全家一起把圓蘿蔔縱切厚片，又在厚片上切三刀連刀，讓厚蘿蔔片像一隻長了四指的手，把白潤潤的手，或說潔淨淨的白手套吧，掛在後院牽起的鐵絲上，一大串一大串又一大串又一大串的白就在後院裡神氣地招展了，我回家路過後院，看到那樣一院子白手招我回家，臉上不打笑招呼都不行。

過了兩天太陽把手套曬成微黃色，它們縮小了但水分仍多，我們把手套幾個一捧抓取下摁在盆子裡搓鹽像是給髒孩子搓澡，搓完再掛回鐵絲，又過了幾天手套變成淺淡的土黃，手掌手指都又皺又縮曲地成了另一個樣子，最後就是一小糰一小糰蜷成一坨的淺咖啡色蘿蔔乾，一傢伙一傢伙老灰灰地懸在空中，有點醜又有點可憐。把醜可憐收在玻璃罐瓦甕陶盆裡，一層蘿蔔乾一層辣辣粉，用力塞得緊緊，壓得實實，蓋上罐蓋。

父親說再過陣子就能吃了，我才不管，先是嚐嚐，不過就是蘿蔔乾麼，怎麼好吃到讓人想大聲唱歌，於是便常去抓兩片當零嘴，也用作業紙反捲起帶到學校，上課時聽到咯蔔咯蔔，便知有同學在吃吾家蘿蔔乾。

那是多到怎樣吃也吃不完的蘿蔔乾，一扁擔兩籮筐呢，可能水分多又有辣椒粉，它和臺式口味全然不同，我們拿蘿蔔乾炒蛋、剁碎了炒肉末、蘿蔔乾自已乾燒蘿蔔乾，甚至煮出滋味不錯的湯。一頓吃兩頓吃，放著放著吃著吃著，啊，啊，啊——陶盆空了玻罐空了瓦甕竟然也空了，蘿蔔乾都沒有了？蘿蔔乾都沒有了！

有人開始著惱：「怎麼都沒給人家留。」不過是蘿蔔乾。

後來吃各種蘿蔔乾味道都打了折，就是感覺不對，就是感覺不對，真是弄不清究竟是怎麼一回事。不過新鮮蘿蔔還是讓人吃了瞇眼讚讚的。

吾家有一味吃法雖簡單卻獨特：

蘿蔔若是皮太老便先刨皮，把白蘿蔔、胡蘿蔔用刨刀從頭刨到尾，由外刨到最裡的蘿蔔心，一個白蘿蔔配一個胡蘿蔔，刨好後好像得了一盤有橙色有白色的麵條。

加醋加醬油加麻油涼拌、加麻醬加醬油加辣椒粉涼拌、加哇莎必加醬油加橄欖油涼拌、加橄欖油加客家桔醬加孜然涼拌……拌不完拌不完拌不完。

怎麼辦？怎麼樣都讓人一口接一口地沒個樣子地吃個不停。

要不就炒，就刨白蘿蔔炒刨胡蘿蔔，加鹽不加醬油美麗，加醬油不加鹽美味。

吾家不放味精，只吃蘿蔔，不管金蘿銀蘿，吃它個黑地昏天。

◆最近收到禮物，二十四包蘿蔔絲乾。絲細如米粉，異香、微鹽，抓一小撮浸水五分鐘，雞蛋一只混炒，即是我的早餐，甘美飽足。要不燒湯時下扔一小撮，湯香起來了！二十四包可以吃到地荒天老，當然要轉送朋友，吃素的、會燒菜的優先，唯恐糟塌了好味。鮮蘿蔔是銀蘿，金蘿就是蘿蔔乾，愛喲。

看傳培梅燒菜

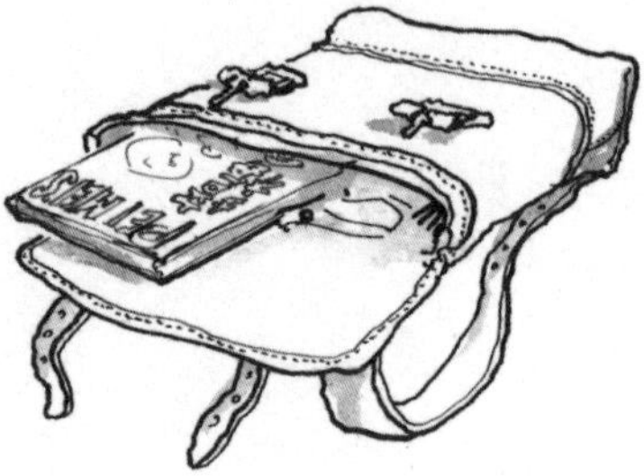

民國五十一年我高中畢業，大學沒考上，一直依據報紙的小廣告四處找工作，一天小廣告指引我在臺北市一個老舊的公寓裡口試播音工作，還在擔心是不是要我去街頭賣藥，錄取信就叫去練習廣播劇了。我們有三個還是四個？都是女生都十八、九，練了一陣，口試的先生便帶我們正式上陣，什麼？竟是去電視公司！那位先生是當時有名的製作人葉明龍。

電視公司是當時唯一的一家也是臺灣第一家電視公司，就是臺視啦，那時只有現場節目和影片的播出，還沒有錄影的技術，我們去給現場播出的布袋戲現場配上國語台詞，真真緊張！只要出錯便錯播錯看，毫無挽救的可能。

布袋戲之前是烹飪節目，我們必須先入攝影棚準備，所以每週都會看燒菜。節目主持人每次都是同一人，她叫傅培梅。這節目我在家時一定看，但電視是黑白的，哪有現場全部彩色又有油氣菜香來得誘人，因此當天我都提前到現場，在現場看才知什麼是「分秒必爭」，主持人現場燒菜，邊切邊講解邊燒邊講解，要顧油鍋要顧刀工要顧助理不出錯要顧鏡頭在哪要顧時間分配還要顧現場指導的指示，以前的人都一板一眼，不可出錯不能表情不對也不時興耍寶，正經八百的燒菜，我每次看都替主持人緊張得要命，那是當時唯一的烹飪節目，傅培梅已嶄露頭角，萬一鍋鏟掉地鍋蓋鏘鏘劃火柴點瓦斯爐不著刀又切到手怎麼辦？而且現場指導動不動就用食指在空中畫圈圈，意思是叫她加快動作，可剛加快樓上導播又從耳機給下了令，現場指導就又用兩手由中間向左右兩旁慢慢拉開表示慢一點，慢一點，有時主持人眼睛一飄口裡一支吾，就知道現場有變化了，但一般來說傅培梅都穩穩當當，真服了她。因為是現場節目，有些菜不可能用一個鐘頭或兩個鐘頭去燒，傅培梅得在家預先燒好一個完成的菜，現場不論進行到何處，時間到就把燒好的菜端出來出現在鏡頭前，所以節目結束大家就有好菜吃，那時沒有紙碗塑膠碗，每次傅培梅的幾個竹編菜籃裡一定有一籃瓷飯碗，甚至她會事先燒兩份菜，為的就是節目完成給現場的工作人員嚐香，我們幾個等時間的小鬼只有我會挨近了看她燒菜，有一次她盛了一碗拿了筷親自端來給我，並且對我說「下次站過來一點，上回我看到妳菜已經沒有了。」後來她又說「妳下次就自己來找我，不然妳上節目會來不及。」當然我不好意思真的去找她「討東西吃」，但我自覺，這樣多年來我在自己的工作領域裡也有一點小小成績而我一直沒有養成「架子」的壞習氣，應該有受到她的影響。

傅培梅的美麗傅培梅的旗袍傅培梅的從不重複的各式圍裙傅培梅把醬油讀作「薑油」都留給我深深的印象，但印象最深刻的仍是她的《培梅食譜》，她出版的食譜有舊本、重印本及新印本，包括《培梅食譜》、《電視食譜》、《家常菜》、《傅培梅時間》……數十種之多，許多書都有十版、二十版的紀錄，《培梅家常菜》甚至出了「出版二十萬冊紀念版」。一本書就有二十萬冊？真有那樣多人買嗎？傅培梅僅是「傅培梅時間」電視節目就做了一千四百多集，燒了四千多道菜，她是二十世紀臺灣名人中少數全民皆知的人物，有誰能又做電視烹飪節目又出烹飪書不中斷不休息地長達四十年？她在電視主持烹飪節目由臺灣做到日本又做到美國，當時到外國留學的留學生行李中必備一為大同電鍋一為傅培梅食譜，可見她對臺灣人影響之大。留學生都會滷菜都會燒紅燒肉都會包餃子，其實都是傅培梅的弟子啊。二〇〇二年她身體逐漸衰弱，二〇〇四年她因胰臟癌移轉肝肺而病逝。

我曾在困窘的生活裡買過彩色精裝價值不菲的好幾本《培梅食譜》，我的母親不善烹飪，我在早婚的日子裡常是灶前架著一本文圖並茂的《培梅食譜》，把丈夫、孩子、客人都伺候了，有時燒了一桌子菜也會悄悄地問一聲：「傅老師，我，還可以嗎？」

有些人不認為食譜是正經書，甚至覺得花錢買食譜是「墮落行為」，我卻一直是食譜的固定讀者，我還曾經買來原文食譜，邊查字典邊「看圖會意」，也由這種途徑做過日本料理、烤過美式甜點、認識蔬果的英文名字……食譜無彩色不香，無照片動不了食欲，或許這些也都是傅培梅極力提倡的，我成長後曾經訪問她，她說「你得看見，燒菜不管在電視上在書本裡聞不到味道已經很遺憾了，還只能讀字不能看見菜，人家會覺得這有什麼好吃呢？一定要有彩色照片。」

臺灣人特別好吃，對食味要求也比較高，我們的小吃迷死人，大菜普遍燒得細緻，吃客都能把食物的好壞說得清楚，恐怕和大家都接受過電視烹飪節目和食譜的教育有關吧，而傅培梅是其中的大功臣，傅老師，您說是不是？

◆傅培梅在台視做烹飪節目便做了三十九年，光看這一點就覺嚇人。但，傅老師教我的經記憶而身仿效之的更使我印象深刻，老師教專業是應該，但老師在專業之外對你的影響應該是更大的功績。傅培梅老師，謝謝您，想念您喲。

葡萄紅與白

「酒」這個好東西總要和一些故事聯結在一起才有點意思吧！

東方酒習慣以米、麥、高粱來釀造，西方酒以英文來說，「Wine」代表的根本就是深紅色的葡萄酒。葡萄酒歷史悠遠，適合生長葡萄的土地也適合生長釀造葡萄酒的人，小規模則家庭釀造，大規模些便步上設置釀酒廠，一釀數百年！不過不論質與量，西方葡萄酒都比我們要高明許多，畢竟，我們不是種植葡萄的國度啊！

少女時期的我家住臺北板橋浮洲里的眷村，眷村房舍極小，但有著挺入眼的前後庭院，父親在前院鋪韓國草，紮起一圈竹籬並豎立一個秋千，後院養了狗，為了遮蔭搭上竹棚架，種了小咪咪的葡萄藤。

葡萄藤太幼細，根本沒有指望它成活長大，不料在歷經肥大至極的綠色葡萄蟲驚嚇再三後，我們的葡萄竟得豐收！藤蔓爬得高遠，除了棚架，灰色的平房屋瓦頂滿滿結著粉綠的葡萄，大盆大鍋地盛裝，自己吃、送鄰居、贈朋友，仍然有剩，父親取來大瓶小罈一層葡萄一層粗糖地釀起了酒。不懂得酒熟的時間，撩起床單窺看床底藏儲，葡萄萎縮了，酒液增多了，一日一日，最後，睡夢中聽見酒精急迫迫想衝破瓶罐到外面的世界，絲絲噓噓的聲音如同竊竊私語，連續數日，最後，終於有酒突破嚴密罐封，瓶蓋、橡皮塞、纏紮的布條等等隨著爆炸般「砰」地一聲，揮灑遍地，濃釅的美酒流淌在水泥地上，香氣盈鼻！可惜了好酒，總不能人俯身地上口啜吧！但狗可以，那隻白底棕斑的混種狗被喚入屋室，大舌大口地舐舔，那晚，屋裡和屋外各有兩個歪歪倒倒亂叫亂笑的影子，唸幼稚園的小妹和狗狗都醉了，白葡萄酒的功效。

紅葡萄酒又有怎樣的故事呢？

臺灣省公賣局早些年出產過一種玻璃瓶身抽得細長的高頸葡萄酒，當時燒菜使用太白酒，鄉下人喝紅露，城裡人飲紹興，當紅酒名喚「雙鹿五加皮」。紅、白葡萄酒的製造大約是「國泰民安」之後，覺得有必要學習一下西方世界的風雅，所以追隨歐式風味釀了頗有兩分相似的國產紅、白酒，可是，不成，當年少有人去歐洲旅遊或觀光，不知道人家的紅、白酒的真實滋味，只認為「自小喝的葡萄酒都是甜的」，使公賣局的紅葡萄酒也大大地添加了砂糖，味道彷如必須稀釋的果汁一般！不過公賣局仍有堅持，白葡萄酒未加甜蜜仍是原味，以致白葡萄酒根本銷不動，因為臺灣酒民都說：釀得不好，味道醋一樣！

「社會風氣還不夠開放」是對過往許多事件之所以如此這般的一個常用、長用形容，其實也不過二十年前，那時女子泰半沒有飲酒「惡習」，一些人言道：「女人喝什麼酒？又不是酒家女！」女人婚前不飲酒，生產時卻一個個都變做「酒母」，麻油雞中麻油不過三分一，米酒量倒有三分二。二十年前畢竟比較接近現代，不知如何傳誦，公賣局濃甜紅葡萄酒變成「專為女士們預備」，因為「女人也該喝點酒」，如今回思一番，還真是不好笑的笑話！

這「專為女士們預備」的紅葡萄酒當時的飲法也十分果汁，要在玻璃杯中加冰塊！煞是有趣！曾經有那麼一日，我赴友人家午宴，炎炎盛夏，由北市遠抵北縣安坑，熱與飢夾擊，簡直要虛脫，朋友立時斟了一玻璃杯加冰塊紅葡萄酒，「又補身又解暑」！那涼沁香醇的好滋味，至今仍深記心頭！邊搖動玻璃杯中冰塊，邊耳聞清而脆的冰塊玻璃杯撞擊聲，菜好，「果汁」香，不覺一長頸瓶的酒已飲盡，朋友笑咪咪地又取來一瓶，笑咪咪地為我再斟，朋友丈夫也笑咪咪，不對，是丈夫們！是朋友們的丈夫們，朋友長了三個頭，朋友的丈夫也三個頭，我一回身，兩支抽長頸子的酒瓶竟也衍生成六支！我看看朋友的孩子，朋友的狗，反此種種皆須乘以三，三個頭一起搖擺，三張嘴一同微笑，一如，一如如今以電腦製作的影視特效！我驚詫之餘立時憬悟！我醉了！原來小說上的情節是真，人醉了別人真能變成三個！那時的女人如何能夠喝醉？尤其是在外面！我只好靜靜起立，微笑溫柔，扶著牆優雅地慢行到盥洗室，佇立洗臉檯鏡前，鏡中有三個呆模呆樣的我，我搖頭，鏡中三個我也搖頭，我再搖頭，鏡中三個我和我一共四人，一起趴俯馬桶上大嘔！如果有人飲啜紅酒至醉，一定被譏為粗俗、毫無品味，二十年前我便如此，真真可笑至極！

如今紅、白葡萄酒已橫掃世界，臺灣酒民與非酒民都常品啜，酒民嚐香，非酒民品時髦，況且還能補身防疾，坊間甚至有專售紅酒的酒肆，專飲紅酒的酒店，或許，紅酒可以給略微粗俗化的 Pub 一些軟柔氣息吧！再也沒有人嫌葡萄酒酸，「釀得不好，味道醋一樣」了！

◆其實挺喜歡紅葡萄酒加冰塊的果汁飲，味道真的不錯嘛。

打粄

中國北方年節祭典必包餃子、蒸饅頭，有時還有甜、鹹包子或糖餡佛手、麵龍、花捲等等。在南方則做糕。

糕從米，米磨成米粉做出來的糕點閩話稱「粿」、客語喚「粄」。客家話習慣將年節做糕這件事統稱為「打粄」。

打粄比較早的時候是用碓來舂米，舂出米粉後加水揉和或攪拌再製作粄，但後來覺得石磨磨米漿的方法比較省力、快速。我小時見到打粄的初步都是用磨，甚至見過人推磨及牛拉磨！但沒多久大家都用電動石磨了！而磨也漸漸變成磨石子材質，原先的被認為舊式的

落伍的石頭磨先是被棄置菜園或豬圈的牆邊，後來被八十、一百元的給賣了，賣給傻瓜城裡人，然後傻瓜城裡人用幾百甚至一、二千元再賣給有錢人去做庭園擺飾。（目前價可能近萬啦！）

與石磨同時賣出的尚有許多舂米的碓、豬的飯碗「豬槽」和牛車的大木車輪。

我小時吃過碓舂糯米製作出來的各種粄。客家話叫「粄脆」的生糯粉真的是「打」出來的，粄脆中有粗粗的好嚼的極具口感的糯米感覺——已經不成粒的糯米並未成粉，只是成碎，和石磨磨成細細的米漿再將漿水擠去，如此炊出的粄是細質細緻，滑口柔舌，但，十分不同。

電磨並未家家都有，所以當在街頭看到一袋一袋的糯米大大小小像不等高的士兵般排著縱隊，由街路排進走廊再排進響著哆哆答答噪雜聲響的後院或廚房，便知又要拜神明了，又要打粄了，大家都到有電磨的人家磨米漿。在湖口我常在放學時由中正路的湖口中學一路經過達生北路（現在的達生路）、湖口菜市場往民族街的家走，一路都能遇見磨米漿的小隊伍，偶時也見到磨好的米漿由「中美合作」的麵粉袋子裝著，一頭緊紮袋口，肥大濕漉的袋子放睡在木長條凳上，上面則是另一張反倒著放的長條凳，凳的四腿在上，以凳面貼壓著水漿袋，兩凳則用粗繩捆綁，如此過十幾二十分鐘去重新繫緊一次粗繩，利用一次一次的緊，讓夾在凳中的米漿袋逼出水來，到最後袋中不但無水，連米漿也成塊狀，就可以搓粄圓或蒸各種糕粄了。

閩粿和客粄味道各有擅長，但形式上倒頗近似。

結婚、祝福、拜神明要打「紅粄」，紅粄是將粄糰放入一個個的龜甲花紋圖形的模子去以手工壓出形狀花紋，再塗上「紅番仔米水」那種天然的紅色可食染料，咦？和閩式的「紅龜粿」一樣哩！根本就是！只可惜現在大部用可食用但非天然的紅染料，吃紅龜還是別吃紅色豔豔的表皮比較保險哪！

客粄特殊的還是「打糟粑」，這是將蒸熟的糯米飯放在碓臼中用木製的杵上下直著揮動，使力擊打，打出的糟粑也是有粗粗不平滑卻非常可口的感覺，這種國語叫「糍粑」，閩語叫「痲吉」（是日語嗎？）的東西現在都用電磨米漿後蒸熱了事，滋味雖仍爽口，卻和打出的糟粑如同橘子與柳丁一般，不是一回事。

糟粑的用場幾乎凡是「有事」皆可取之款客，婚喪喜慶酬神廟會都可，但有一種「發粄」（發糕）則過年、喜事、喪事或掃墓時都不可缺！打發粄是先將粄漿發酵，然後蒸熟，有用一個一個的飯碗蒸，也有用大蒸籠蒸，打發粄常給媽媽們很大的壓力，一是搶著時間發酵又搶著時間借碗，以前不會有人放幾十個空碗在家，所以常早早就和鄰居或親戚說好，搶在人家不用餐時將飯碗借來，大兒去隔壁借，小姪去路口借，阿妹彎到後街坊和阿梅嬸借，下頓吃飯前得將碗洗淨還去。壓力之二是發粄必須「笑」，我們現在在菜市場買到的發糕尖尖的頭面都有嚴重的裂口，三裂、五裂，甚至出現開花花瓣般全開，這就是「笑」，發酵沒發好便不會笑，想想累得幾番糊塗的媽媽在一掀蒸籠蓋一眼望見幾十個飯碗排成美麗的隊形卻一點笑容都沒有，那真是要跌足蹲地哭將起來！不笑可有關係，那是「不發」的意思，罪過大了。蒸發粄時也可用碗或一些小碟將甜米漿再加點水，使其更稀一點，蒸出來的軟軟甜甜不會發起來的就是「甜碗粿」了！客話叫「碗飯」或「水粄」，這種水粄中間部分會凹陷，又常是黑糖或深色糖做原料，便也叫「雞血粄」。其實是取其「色似形似」，想想殺雞時雞血滴入飯碗，凝結，形貌真的傳神！可是，現在的小朋友當然少見甚至不見，哎！吃火鍋時鴨血未切之前那個黑黑的圓形軟餅，就是了！就是了！

小時候在星期天喜歡賴著媽媽去市場，民國四十五年左右的湖口菜市場（民生街、民權街和達生北路交叉口）只具有小市場的雛形，因為真正買菜的人不多，誰家都有菜圃，買菜的只有那些外地人，諸如學校的老師，眷村的軍屬，或駐地阿兵哥打打牙祭之類。

我賴著媽媽去市場，真正想望的是民權街和中正路交叉的地方麼？那一個小攤的水粄。媽媽會給兩角錢，那是個灰白白輕身體的大大的兩角鎳幣，買一個比醬油碟略大的淺碟蒸成的水粄，用竹叉子一挑，薄薄的一塊圓粄被挑起，幾乎半透明呢！在空中見它顫動幾下，一口咬掉小小一塊，甜滑滑的，由牙齒到口舌到喉管，就這樣，一路甜滑下去……。

母親會將我置放水粄攤吃水粄，她逕自去買菜，吃罷水粄我常做功課般在露天的菜市場逡巡，看菜看果看魚看肉看在攤籃間行走的貓的狗的人……逡巡菜市場是我在熟識區與不熟識區，國內與國外常做的遊程，至今仍是至愛。

「有事」打粄包括插秧時、蒔草時、割稻時，尤其「做完工」。「做完工」指田事忙過幾日終於忙完，田主人得攜供品赴福德祠謝土地神。客家人稱呼土地公為「伯公」，意指土地公是自家人，像祖父的大哥般照顧著小輩全家。

做田時雖然辛苦，但以前的年代也只能拿自家飼的雞鴨所生蛋煎煎菜脯卵或煎幾尾經吃耐力的鹹魚，倒是「做完工」是一定要殺雞宰鴨，再切些白切肉去謝伯公，然後才能請幫田的人吃「澎湃」。「做完工」打粄，吃的是粢粑和粄圓。粢粑常冷食，吃時沾白綿糖和花生粉，如果在冬天會將粫粑做成「漉湯粫」，那是將生粄脆搓回再壓成扁，變成一個小餅狀，煮入滾水後軟滑滑的撈起，放入摻了糖的濃汁做為沾料，哎，就是臺菜尾食裡的那道甜點啦！其實是客家點心，冷天嘛，當然要趁熱食。粄圓是一個個的圓形生米脆，大些的包花生、紅豆沙餡，就是一般我們常吃的湯圓，小的無餡，以手搓成之後加糖煮甜或煮成鹹味，放些油蔥酥、韭菜，湯湯水水唏呼嚕吃下，冬日寒天，一傢伙暖到肚皮底。

夏天農忙常吃「米篩目」，是以過米篩由一個個的小眼（目）篩出一條條「粗麵」狀的米粗條，這不是糯米而是粘米製成的粗條，就是現在大家說的「米苔目」，吃時可甜可鹹，鹹的當麵條煮，甜的加冰吃涼。

過農曆新年當然是粄花樣最多的時機。甜粄（黑糖、白糖年糕）、菜頭粄（蘿蔔糕）、芋粄（芋頭糕）是一定要的。

元宵打菜包（豬籠粄）內餡是蘿蔔絲或蘿蔔乾絲。之所以稱「豬籠粄」是菜色的形狀像豬籠，就是結實的竹篾編成的裝豬的籃子啦！豬太重，在短距離運送豬時不用牛車載，但如直接捆綁豬腳，豬的重量會讓豬受傷，因此用豬籠裝豬，那可是得兩個大力士才抬得動的！

清明掃墓除了請祖先保庇發財富貴而需打發粄外，還得打「清明粄」，又叫「青粄」的這種粄有用艾草有用苧麻葉有用雞屎藤有用鼠麴草有用狗貼耳（戢菜）做原料，總之用什麼原料喚什麼粄，可是目前最多的是用艾草及鼠麴草，像「狗貼耳粄」我一直聽說，並不識其味。

或有人會問：說了半天還沒提到粄條哩！其實我小時沒有吃過粄條，離開湖口才吃到，而且先吃的是廣東「炒河粉」，後來吃了越南「河粉」，再是雲南「米線」，最後才是客家「粄條」，其實味道全相近！我有點疑惑，粄條會不會是高雄美濃的東西。是不是就是「面帕粄」呢？洗臉的毛巾叫「面帕」，像毛巾一樣寬寬長長摺疊了的，不就是粄條切條以前的模樣？

挖掘出童時的記憶，曾經有一個小女孩十分認真的思考：客家有那麼多好吃的粄，我為什麼不是客家人呢？

哎，那個小女孩……

◆我在超市買了磨好的在來米粉，飯碗裡糖、水調好放電鍋蒸，就是水粄，真叫簡單。那滋味麼，有六十五分。「現代」真好，什麼都可以速成，結果沒有九分像，六、七分總有，吃在口中你不會讚美卻也不會把水粄當發糕，總之，聊勝於無，安慰鄉愁的替代品嘛。

那些舊時味

我在飯碗裡盛了飯，用飯匙壓平壓扁那些漂亮的糙米飯粒。

我用湯瓢在小鍋裡舀了一大瓢絞肉燒的仆菜，仆菜被醬油和肉汁和它自身染成代表鹹香的黃褐色。

我取一雙箸，一手執碗，我怎麼覺得我是重複地在做以前做過的動作？飯壓平壓扁後即使澆了湯也很難扒動，我把箸筷使力插入飯中挖出一糰粘得緊實的飯，所有的記憶都回來。

我在新竹的童時，當我去小伴家，那四年級五年級即已當家作主的小女孩們在肚餓或嘴饞的時候會給她自已和我各盛一碗飯，不是糙米飯而是少少白米雜了大量曬乾的番薯簽，那

種偶吃很香頓頓吃會覺喉嚨乾苦的飯。飯盛好小伴會使力用飯匙壓壓壓……那時淋上的是筍湯、是菜脯滷、是南瓜燉、是白菜炒辣、是醃蔭瓜，更多時是各種料理方式燒出來的仆菜，都好吃，真的好吃，雖然每一道料理都是素菜，當時鄉間的困窘是食無肉，甚至連油都沒有。我們用箸筷使力挖掘飯坨，口中叭噠叭噠，吃它個痛快。

鄉裡不論誰人家，或許家中沒有稻田，但不可能不種菜，家家有菜園，那菜園規模小小，東一片嫩青綠的小白菜，西一片吊著紫花的茄子，搭著細竹架的是爭擠著長葉長莖長曲彎鬚子的長豇豆和秋扁豆，幾棵紅辣椒半壟青蔥這樣長那樣長，爬在房頂瓦上閒閒生著的是絲瓜、瓠仔和苦瓜。

什麼季節吃什麼菜，小伴永遠在恰當的時候去拔長得剛好的菜，有時她會說豬沒有番薯吃了，我便和她一起去她家田裡撩開硬老的番薯藤蔓拔番薯，番薯土壟土鬆，一拉藤蔓不夠胖壯的番薯便隨藤出土了，地不肥，什麼都長不好。竹籃、布袋裝了番薯兩個國小兒童根本拎也不成揹也不成，我們把布袋竹籃在地上拖行，一路走一路拖拉，反正總有辦法回家。回家的路上先把番薯拖到小河溝去，在河溝裡大洗一頓，待河溝水成渾就差不多了，等我們回家水也該回清。

大番薯用剉叉叉成粗條狀，立時送到屋前的三合土夯的泥地上鋪上稻草席曬，小伴累了就換我上陣，得小心別剉傷手，番薯簽沾了血還怎麼樣吃哪！小番薯就扔到灶上大鼎鍋裡，再把番薯藤放在大木砧板上用砍柴的舊刀剁成碎，和小番薯一起煮給豬吃，我最愛小伴由燙鍋裡撈出幾個冒著大氣的小番薯給我，我就是這樣幸福地和豬一起吃牠的糧，是到現在都沒有忘記香滋味的幸福的豬糧。

蔭瓜收成的季節鄉間隨地可見曬著剖兩半的蔭瓜，小伴切瓜我用手將瓜瓤掏乾淨，瓜瓤帶著甜味，把瓜子甩掉就可以嚐上一點香，我邊掏瓤邊吃瓤，十分喜歡那工作。上學的路上路過小伴家也不忘大方地捏一片小些的醃了鹽的蔭瓜一路吃到學校，路過河溝洗去一些鹹鹽，一邊口中嘀咕：「這是我掏的瓜瓤我當然可以吃，這不算偷。」

更早的吃食回憶在……

第一次在街頭小攤吃番茄沾醬油我確實有些吃驚，番茄可以燉湯，可以炒蛋、炒豆腐，兒時也有雙手抱一只紅番茄大啃的印象，但沾醬油？有些不按理出牌。初早母親在鄉間菜場就發現了番茄的便宜，她說：「以後多吃西紅柿，本地人不吃，好便宜。」父親將他幼時的吃番茄方法傳授給我：先用小鍋燒半鍋水，將番茄放入燙，剝掉皮，取刀在碗中切番茄成小塊，加白糖攪拌就是好吃的番茄蜜。這種吃番茄的方法我食用了一生。但心中一直有個記憶：番茄應是沾糖吃的。

兩岸通了之後我曾去北京探我的小姑，晚餐吃羊肉火鍋和小姑親手包的茴香餃子，但那切片擺盤的生紅番茄要做什麼？姑丈說：「西紅柿上頭沾了白糖就這麼吃，我們從來都這麼吃。」

我們從來都這麼吃？那麼，我覺得番茄該沾糖吃是印象？是我三歲之前在大陸的印象？竟然，我能夠記得那樣古舊的事，番茄沾糖是吃火燙鍋子之後的清涼劑！哎，番茄沾醬油，番茄沾糖……

◆父親愛吃紅豆甜品，獨鍾豆沙包和紅豆土司，晚年突然説要將蒸好的豆沙包放在小烤箱中烤，一吃數年。偶然，我在網上看到，東北人冬裡火爐終日不斷，人們常將凍僵的豆沙包貼放爐邊火烤當熱點心吃，我恍然，童時在黑龍江省住居的父親原來吃的也是舊時味啊！

飲一杯鹹茶

突然之間，「擂茶」兩字便浮游在旅遊、觀光事件裡，這被客家地方拿來饗觀光客的「茶」，究竟是什麼樣的茶呢？

最早，是北埔推出的吧？後來說苗栗也有，茶要如何擂呢？「擂」，是搥打的意思啊！把茶葉打擊成碎嗎？查字典，嗯，讀書人最大的法寶便是「尋典」，咦？字典上「擂」字也作「研磨」解，哎呀！是將茶葉研磨成碎啦！

終於在苗栗公館嚐了擂茶。

「擂缽」是一只大碗，照客家話說是「碗公」。只是這陶製碗公裡布滿一段一段的橫溝細紋，用剝去樹皮的圓形粗木枝使力在溝紋上將茶葉研磨碎。擂完茶葉還得擂糙米、擂花生、擂芝麻、擂紅豆、擂綠豆、擂淮山……當然，也有人擂芡實、擂薏仁、擂青豌豆、擂玉米、擂蓮子……這些東西都得先用小火炒熟，抓一把擂一擂，擂到滿頭汗，所有碎粉勻一勻攪一攪，加點糖添點鹽，滾水一沖，便是好滋味！

在公館我眼望著勻好攪好茶綠中摻雜的五顏六色粉，一股熟悉感突地由心版深處浮凸出來！這東西，我見過，可吃過嗎？待滾水沖過，香滋滋的水汽也衝進嗅覺的記憶，我更肯定，這東西我喝過，忙不迭飲一口燙到咬舌的茶，我終於確定，這東西絕對是老友！藏在深遠記憶層中的老友！

我到底在哪裡飲過擂茶？只有客家地區才有的「特殊茶」？

新竹寶山的雙溪村在我幼小時還是個窮壤，那時同學們都是吃番薯簽飯，不甚可能誰能請我飲擂茶，那麼，是在湖口？是在巫蘭美家嗎？蘭美是湖口平陽堂巫家人，在湖口中學我與她同班並且感情很好，她的口哨吹得比男生俐落，乒乓打得別人稀里嘩啦！可她怎樣教我怎樣學，成績都不理想！擂茶好像是有一年過年在她德盛村老家飲嚐，似乎是她媽媽招待我？

擂茶二字在我腦海裡日日泅游，我的記性是我一直以來極為驕傲的事，但就是想憶不出關於「擂」的茶。突然！另一個字闖入，這字與「擂」打鬧追逐，竟是「鹹」，「鹹茶」！「鹹茶」！

是了，過年，巫媽媽梳著光潔的髻，穿一身黑色絨旗袍，似乎領與襟是紅色的緄邊和盤扣，巫媽媽（哎我好像都以客家話喚她「伯母」）平日都穿「臺灣衫褲」，上身一領長袖衣，下身一條寬褲腳長褲。她穿了旗袍，瘦小的身軀在略寬的腰身裡，頗得有幾分俊逸，很令我吃驚！因此印象深刻。

原來，根本就是鹹茶嘛！

聽說還可以加炒的菜，生的菜，也有加了豬肉、蝦米的！真是享受的茶哩！說能消滯化氣開胃健脾！不過，近來沾黏了觀光色彩，擂茶被研究出含鐵，含鈣、含蛋白質、醣、纖維素、維他命A、C、E！可以促進新陳代謝、抗衰老、潤腸養顏……

大約真的是有用之物！因為客家俗話倒是早早就說了：「一日擂茶三碗，好生活到九十八！」

當年我才十三、四歲，巫媽媽卻禮我以上賓，饗我擂茶，那匱乏的年代，傻姑娘做了上賓還不知道，只驚訝巫家有很雅緻美麗的陶杯！那陶杯和巫媽媽的髮髻、旗袍倒成了我心版印刷中極清晰的一頁。

◆擂茶用現代餐飲術語可說是「茶餐」的一種。擂茶茶葉為副，主是其他數種甚至十數種食料，擂茶濃稠，適食不適飲，算不得「茶」。你認為呢？

加比山

雲林縣，古坑鄉，加比山。

加比，咖啡啦！臺語發音咖啡稱「加比」。

初早只知道古坑有劍湖山，咖啡山？

咖啡山其實就是荷苞山？不過，咖啡山不是荷苞山的新名字，而是舊名，哪時候的舊名呢？一說是十七世紀西元一六二四年之後（明嘉宗天啟年後）荷蘭人據侵臺灣，喝咖啡的荷蘭人不可能等待遙遙的海船船期運送咖啡解癮，依據咖啡生長環境，荷蘭人選擇了雲林古坑，這地方依傍北回歸線，日照好雨量豐、土質屬沙質土壤，海拔高度適宜，排水良好，在古坑，荷蘭人決定了一個小山做為種植咖啡的農地，這個無名的小山便被稱為「咖啡山」。古坑人倒喊它，「加比山」了！

荷蘭人治臺三十七年，將咖啡山經營得很好，不但產出味美咖啡，且供應在臺荷人之外還可運送到別處銷售！但鄭成功驅荷蘭人入駐臺灣後，因無任何臺灣人有飲品咖啡習慣，咖啡樹自生自滅，終於，咖啡山在若干年後蔓生雜草，變成荒山。

一八八四年（清光緒十年）與臺灣茶業有來往的英國茶商發現雲林竟有舊稱「咖啡山」的地方，便由國外引進一百株咖啡苗木，依然種植在整理出來的咖啡山上，於是繼「荷蘭咖啡」之後，「英國咖啡」也在古坑的咖啡山上蓊蓊蔚蔚。一八九五年（清光緒二十一年）清廷與日本簽訂馬關條約，臺灣變成日本殖民地，英國人立時撤走，日本人接手咖啡山，並將咖啡農地擴展為三百公頃，種植阿拉比亞種的咖啡，當時有三大咖啡農場，咖啡山之外即是臺中縣的惠蓀農場及花蓮縣的瑞穗農場，這三地的咖啡統稱臺灣咖啡，除供應日本為皇室御用飲品外，也銷售他地。

咖啡「加比山」的歷史並非直線寫到現今的荷苞山的咖啡農園，一九四五年（民國三十四年）二次大戰結束，日本將臺灣歸還中國，咖啡山上仍盛產臺灣咖啡，但接收臺灣的國民黨政府與臺灣在地人相同，都是喝茶品茗的民族，咖啡這杯苦水無人有興趣，又沒有輸出管道，當時歷經八年戰爭，臺灣被摧幾乎折毀，生存比任何事物都重要，咖啡並非必需品，於是，三百公頃咖啡農地再度使咖啡山回歸荒野，蔓草橫生。

又不知何時始，咖啡山又被整理出來，砍去蔓草也砍去「無用」的咖啡樹，有些地方種起茶來，屬於烏龍品種的茶樹一直是古坑鄉的經濟產物。

當然，茶山也不能叫咖啡山，政府給了名字「荷苞山」，但在地人習慣了，「加比山」就是「加比山」嘛！

加比，咖啡，是被子植物，茜草科，它是半遮蔭植物，早日種植在咖啡山上的咖啡，因山上有日本政府種植的經濟作物油桐（五月桐），油桐夏日枝繁盛而不茂密，冬來於落盡樹葉，使下面的咖啡樹夏不蒙烈日冬不欠日照，後來某些地方以檳榔樹來替代油桐，當然也有一些品種的咖啡樹不需遮蔭，畢竟古坑近北回歸線而遠赤道，沒有過於炙熱。

旋轉一下地球儀，發現產咖啡的地方大多集中在一起，不論產量最多的南美洲巴西、哥倫比亞，非洲象牙海岸，衣索比亞，或亞洲印尼、印度、馬來西亞，都身處赤道兩旁的北回歸線及南回歸線附近，臺灣根本適宜種植咖啡，只是近年來大家「歐風東漸」「美雨西

El Cafe de
El Cafe de
El Cafe de
l'Hospitalet
de Llobregat.

來」，才開始喝起咖啡，既然有人開始喝（還不是少數人哩！）本身不屬於咖啡「聯合國」的臺灣購買咖啡價格昂貴，於是「種植咖啡」這件事立時使古坑人回憶起老祖宗曾經在「加比山」上的行事！

有破壞便有建設，一九九九年九二一地震加上二〇〇〇年納莉颱風的土石流，雲林受創頗重，古坑鄉在鄉公所和社區發展協會共同努力下，將種茶、製茶、種檳榔等等傳統產業轉型，猶如在走熟悉了的鄉村道路上廢舊路開新路，而新路根本不知會通到何處去？古坑鄉的鄉民淳樸保守的個性竟然能信任鄉公所與社區發展協會，虎著膽子便砍茶樹廢茶園，種植起咖啡來，咖啡山便回來了，「加比山」又變作「加比山」啦！

目前古坑鄉的咖啡農地大約一百公頃，但所產咖啡供不應求，只能在雲林縣銷售。

第一次在電影上看到咖啡田及咖啡樹時大吃一驚！咖啡豆是鮮嬌嬌的赤紅色！在古坑採摘了樹上咖啡豆才明白，那豆其實是蒴果，果皮略厚，微甜，吃掉外果皮（果肉）內裡的內果皮滑溜透明，「製造」咖啡時則會待蒴果成熟，外果皮質地變硬，去除外皮進行炭火或瓦斯火焙烤，內皮遇熱脫去，最裡層的果仁原先是淡青綠色，隨火候一點一點轉變成淡土色，深土包，咖啡色以至於燻為深咖啡色，隨口味烘焙，不同色澤的咖啡豆有不同的口感。而我最「笨」的發現是：內皮遇熱脫去後咖啡豆會使變成兩半，原來我們見到的一面胖圓一面平扁，平扁面有一縱溝的咖啡豆是半粒呢！

喝咖啡目前幾乎是全民運動，但在從前的年代，咖啡和愛情是必得畫上等號的！

高中一年級時流行之一是交筆友，我就讀金陵女中的筆友，一個美到讓人屏息的女孩送了我兩張費雯麗的照片，其中一張電影《魂斷藍橋》的劇照，費雯麗（更是美到讓人屏息啊！）仰盼著希望的癡情眸子讓我看了久久久久！後來我終於注意到她身前小桌上的一只白瑩瑩描金線的瓷杯，杯裡黑水汪著，我突然聰明地了解：那是咖啡！那時，沒有人，沒有朋友或什麼生活的人喝過咖啡！但在外國電影中總是看到外國人喝咖啡，於是學習到：咖啡可以加糖，可以加牛奶，而且，一定是用有耳朵柄的瓷杯盛裝。

開始了，開始有同學和男生「約會」！約會耶！當然便會去喝咖啡，往往，女孩在星期一早上一進教室便會神祕兮兮地小小聲，但別人一定聽得清楚地，說：「我昨天去喝咖啡。」接下來當然是嚇死人的一大群哄叫！星期一第一堂課是在操場開週會，瞧吧！穿著卡其制服的女生隊伍一定吱喳喳，眾頭晃動，偶時，大家對女主角點了什麼飲料比和哪校男生約會還要來得有興趣！

漸漸，喝咖啡的人多起來，每個人都嗤笑咖啡「難喝」，但每每一定點咖啡，甚至喝到西子捧心或暈暈然歪倒男友身上，男友以為女孩示愛，女孩實則是受到咖啡令人頭昏的鼓勵呀！

沒有人請我喝咖啡，一杯咖啡三、五元，比一大玻璃杯兩元的檸檬水貴多了！我才不會自己去花這種錢。

終於，發現小店有一種長方形的「南美咖啡磚」，厚厚的砂糖塊，內裡咖啡粉，壓得死緊，五角錢，外面格子狀咖啡色包裝紙，好像還有一個女人側面頭像？扔一方到玻璃杯裡，一根筷子攪攪，燙乎乎地，冬夜裡陪我開過多次夜車，還真的提神！

我對咖啡是中年之後才動心，寫作了，在家中並不習慣飲用，可在外隨便開個會聚個餐，人家一定強迫一杯咖啡，喝著，也就覺得這事是每日功課。

再後來，朋友教：喝咖啡最好配甜點、蛋糕，當然配時不宜放糖，喝著喝著，嘴刁起來，不加糖，奶水愈加愈少。有段時間非曼特林不肯，後來曼巴也愛，就是不能忍受美式咖啡，人家遙遠的老小說裡已經提過：像洗襪子水！

心中也思想過，在古坑，當那些過往的歲月，加比山上咖啡樹「廢」在那時，荷蘭人、英國人、日本人都遠去，咖啡樹沒了主人，種咖啡的農人日久對咖啡也會生情吧！也會品試一番咖啡滋味吧！那樣古早的年月，他們如何品嘗咖啡？在古坑看到庭院大鼎大鑊翻炒咖啡豆的老闆，原來，古早時以柴火或炭火一鑊鑊像炒菜一般，先以鐵質大鍋將咖啡豆炒熱各種焦度，然後用研缽手工研磨成粉，再將咖啡粉置布袋中，束緊袋口或縫死袋口，整袋放在水壺中煮，三五好友就可以一聚了！也有人家將煮好的咖啡水加入熬濃的甘蔗汁，再熬成咖啡糖塊，也有直接將咖啡粉加入膏狀糖汁，乾後沖水，不食渣滓便是。

古坑，秋的舒暢裡，我們奔赴夜的華山，古坑鄉有近五十家露天、庭園咖啡座，華山即擁有三十多家！一路上山，一路遇見小燈燈串連的璀璨美景！燈光晶亮卻微小，讓我們可以望見天際另外的串連的小燈燈，黑絨夜幕上，星圖說話，北方的天空邊，佩修斯的英仙座似乎也讓飄走在咖啡香氣的秋意給薰染得快樂起來了！

哈！我們品飲的是星光咖啡哪！臺中惠蓀和花蓮瑞穗如今早已停產咖啡，臺灣咖啡最大宗最著名的僅剩餘古坑咖啡了！而眼睛迎著星光閃降咖啡杯裡，想像著佩修斯勇救安多美蓮公主的故事，想像著費頓偷駕阿波羅的金馬車惹的禍事，賽格紐斯因而變為天鵝的天鵝星座……那些星星的故事都墜落凡塵的咖啡座上了！

咦！古坑咖啡特有的醇甘、稠香、爽氣的美郁滋味，是不是因為摻入了星光呢？

◆咖啡是我一生愛戀的記憶。

親愛的飯包

有一次和二姐同桌吃飯，她看著我笑說：「妳帶飯包了。」我很愣了一下子，幾秒鐘後會過意來，伸手在嘴角抹了兩下，把沾黏臉上的飯粒取走。某些地區客家話裡飯盒、便當喚作「飯包」，吃飯時飯粒沾上了臉，客家小孩管那叫「帶飯包」。

我和我的姐姐童年時期很長很長的日子是在新竹客家庄度過的。先是寶山鄉，民國四十幾年時我們就讀雙溪國小。那時校舍不足教師也不足，學校裡高年級才讀整天班，那樣沒有水沒有電的鄉裡，大家都赤著腳，當然也沒有書包，低年級的我們常時手揑著一本國語書一本國語簿或再加一本算術簿和一支鉛筆便到學校去了。但我們知道大女生大男生都將書本、作業簿子和飯包、鉛筆盒疊放一起，再用一方大大的包袱巾角對角地捲裹起來，女生在包袱巾兩端打個大結拎著走，我羨慕的是高年級的大男生，他們的包袱巾是斜揹背上，很有點古早故事裡斜揹著弓的英雄架式，等到放學了，竹子削成的短筷在空飯包裡嘩嘩啦喀囉囉地嚕嚇著，很是有趣。

我升上三年級，偶時有活動，學校擔心那些住在山上需步行兩個小時才能到家的同學餓著肚子，便會要我們帶飯包。鄉下孩子很多出身佃農家庭，所謂佃農是指無地的農人向地主借土地耕種，收成時農人自家只取少數穀糧，約五十％至七十％之大部分穀糧需交給地主做土地租金，平日隨著父母懾服於地主和地主的兒女們，上學時佃農孩子和地主孩子絕不交談的，但他們吃飯包的方式倒一致——他們的飯包絕不完全開放，鋁合金做的飯包盒拿蓋子打橫蓋放在有菜的那一邊，這樣人家根本看不到菜，可以看到的只是白飯露在外面，其實也不對，地主孩子露出的是白飯，怕人看的是不年不節他竟帶了雞肉，佃農孩子的白飯則並不白，已經摔得歪扁凹凹傳承過叔叔哥哥的飯包盒裝的飯裡摻了大量番薯簽。番薯簽是把番薯用鍤子鍤成細條條，在太陽下曬乾，煮飯時混到米裡就可以省米，米貴番薯自己種呀！班上許多同學的便當裡都帶這種東西，而吃飯時間教室裡總有濃濃的蘿蔔乾味道，佃農孩子飯包盒蓋下遮掩的便是蘿蔔乾、醃蔭瓜，好下飯啊，配其他不出水的青蔬就做成飯包。那是個沒有市場有錢也無肉可買的地方，何況大家也沒有錢。

我四年級時乘火車越區讀了貴族學校，現在叫「竹大附小」當年稱「竹師附小」。我一下子由打赤腳的學校進入有人穿蕾絲花紗緄邊白襪子的學校！我的同學竟有人穿這種豪華的美國襪子！而到吃飯時間，學校竟然給蒸飯，一學期好像收五元蒸飯費，還會發一條綁飯盒的棉繩和一個帶號碼的小鋁牌。兩名值日生抬了方形大竹簍裝了全班三十多個長方形、圓形、橢圓形或白鋁或黃鋁的他們叫飯盒或便當就是不叫飯包的東西，教室、廚房地抬來抬去，這時我才想起以前雙溪國小大家都是吃冷飯包。附小學生普遍地飯盒裡都有菜有肉，而且學生都大器地將飯盒全開吃飯，但我開了眼界的是有少數學生吃的是三層的手提食盒，當然那食盒不能蒸，食盒是家中「老吳」、「老張」騎腳踏車或踩私家三輪車專程送來，一層飯上襯著肉，一層青蔬一層湯，看得吃「平面」飯盒的一般學生眼睛滿是饞意。

上了初中，我在家學區的湖口中學上學，也是因為校舍不夠只上半天課，直到初二才開始帶飯盒。記憶中好像都是自己裝飯菜，進入青春期了，少女每每要做狀，因為以為四面八方的男生女生都在看妳，只有裝飯盒這事我堅持裝多一點，要夠吃！完全不在乎動作慢又吃得多的自己每次都最後一個吃完，常常變成大家觀賞的奇怪風景。每次午飯罷，吮吮香香嘴，深舒一口氣的壞習慣大約就是那時養成的，其實那時帶的菜少不了的是媽媽要你顧營養的一個荷包蛋，幾乎天天有，弄得我後來幾近二十年絕不吃荷包蛋，其他配菜大多是晚餐剩菜，最常帶的是炒酸菜，（後來也不大肯吃）月初爸媽發薪，大約可以帶二次紅燒肉，因為吃不夠，我到現在對紅燒肉仍吃不膩。

湖口民風樸實，生活水準遠遠超過雙溪，但我的同學仍然只有少數肯將飯盒全開，飯盒蓋打橫遮住菜這事似是定規，但男生班則活潑多了，總有男生邊吃邊說邊教室、走廊遊走，這班吃吃那班說說，於是便有眼尖的女生傳話來：「某某某今天帶雞腿喔！吃那麼好。」於是大家都知道某某某家境不錯。

又搬家了，唸臺北縣樹林中學。

精彩的高中生活，全新的一年級，全新的朋友，男女合班，大夥都像哥兒們。那時把飯盒統一稱便當，紅漆白漆在蓋子上寫名字、做記號，用一塊小棉布巾把飯包包紮好裝在書包裡，常常菜餚的油會漏出，油了布巾也油了簿本，那是從前雙溪困窘生活絕不可能發生的事。大家都使用匙子吃，或瓷或鋁或不鏽鋼。因為女生少，所以女生感情特別緊密，不但把課桌併起一同吃便當，不久更互相品嚐起對方菜餚來，再進一步，傳換便當，她的便當吃幾口傳換給我，我的便當吃幾口傳換給妳，我們五、六個人來自各個省份，便當南香北味，真是吃得不亦樂乎。晨課早，大夥常來不及吃早飯，當時的高中女生大都會煮飯燒菜，於是總有人早起燒新鮮熱飯，把便當壓得密密實實，帶到學校利用朝會前幾分鐘站著傳著，用湯匙一人各挖一匙吃，輪個二回合，朝會時便都有精神了。

不過男女合班也有壞處，男生皮，知道北方人的我偶時帶水餃，到中午每個女孩都等著嚐餃子味道，不料第一回少了幾個餃子，第二回沒有餃子，連便當盒子也不見，當然沒有人肯承認，等終於有人承認，才發現都說只吃了一個，但沒想到每個人都以為只吃一個不會被發現，又因為實在好吃便再吃一個……

飯包、飯盒、便當，叫什麼都好，我一直覺得那是好吃的東西，以至於偶時參加活動舉辦單位抱歉不能請吃大餐只能備個便當時我卻真地喜孜孜，甚至常領了便當將車子停在路邊便坐在駕駛座上吃將起來，其實我吃的或只是感覺，吃著吃著回憶的滋味咬嚼在舌間口裡，那快樂別人是不容易明白的啦！吃飯包呢！

◆在日本坐火車很吃了幾回好吃的飯包。有趣的是他們的飯包，白亮亮米飯都壓得緊實似磚，肉片魚片或菜餚都像磚上的彩色浮雕，美！滋味麼，好吔。中國老北方有句話形容事情方便叫「便便當當」，我在想：來自中文的日文是不是因為盒子飯菜製作、攜帶、食用都方便，就管這盒子飯菜叫「便當」了？

煮飯

如何煮飯？嗯，一定要談這簡單的問題麼？

若是談論煮飯的方法與器具，大約也沒什麼可談論，白米煮成粥或煮成乾飯，不都是用電鍋或電子鍋麼？一定要說清楚講明白，則，電鍋是「蒸飯」，電子鍋是「煮飯」。

有「電」之前呢？

幼小時候，在寶山雙溪村，三年級的我見過五年級的小伴葉文英「撈飯」。

客家煮飯大致用悶飯、蒸飯、撈飯三種方式，撈飯是用大鍋加大量水煮飯，煮到七分熟時將米飯用大單籬（漏杓）撈出放在飯甑裡悶，飯甑看字就知道以前是陶土製的「瓦鍋」，

後來改為鋁製，撈完了米飯煮飯鍋中會剩餘很多量的米湯，濃濃黏黏。故事裡都說如果嬰兒奶水不足可以靠米湯存活，因為米湯是飯中菁華，十分營養，各家撈飯剩餘的米湯除了餵哺嬰兒之功外，尚有二大用場：餵豬以及漿衣服。拿米湯餵豬，小小時節葉文英便為我上過課；人吃飽就好，豬要長大才非常重要，而豬吃米湯才長得大，因此小孩和豬有吃米湯的特權，另外，衣服不漿，如何能穿去上班？平日隨便沒關係，上班的人是比較「高」的，怎可穿不漿的衣裳？

說到這裡，要向年紀小的朋友解釋什麼是「漿」衣服？

將洗淨尚濕未晾曬的衣服、褲子泡浸入米湯中，將米湯擠淌差不多後，已沾黏了米湯的衣、褲扯平整晾曬，快乾時再扯平整一次，待穿時衣褲便挺拔僵直，很是精神抖擻，走起路來都能聽到擺臂抬腿發出的「夸」「夸」聲，當然這是只適合棉質衣裳的年代，那時也少有人家備有熨斗，因為熨斗（又叫燙斗）要用火炭，又貴又麻煩。我也曾聽過朋友的父親向他母親說：「又不上班，衣服漿了可惜了米湯，給豬仔吃多好！」豬長大了才能賣，賣了小孩才能交學費！才能有錢購種子，才能買肥料，買點布來裁衣，買床棉被給已長大腿太長的兒子……

硬綳綳的衣裳穿了並不舒服，脖頸有時都給衣領磨紅疼了。和漿衣裳一般重要的是漿被套、床單。家住湖口時曾經請過阿巴桑洗衣，一家二大三小，洗衣肥皂自出，共是二十元，由阿巴桑挎了竹籃（那竹編籃真是美麗呀！）去德盛溪洗濯。阿巴桑來的第一晨，母親因急著上班，等阿巴桑來家曬衣等得心焦，我也心想這阿巴桑洗個衣服實在也洗得太久了，她一定是跑去三姑六婆了。不料她洗衣後又趕回她自己家去，用她自家的米湯為我們漿了衣服和床單，這事我們感動得不得了！不過仍然請求她再也別要漿衣漿床單了！躺臥硬撅撅愛鳳床單上，愛鳳床單四角的紅色大朵花顏色都給漿白了！夜間一屋子都是父親翻身、母親翻身、姐姐翻身、我翻身時棉被硬夸夸地此起彼落發聲！簡直把夢都嚇跑！

關於吃飯這事我是家住湖口後才理解了「每個家庭因各種狀況不同而吃不同的食物」！客家小孩安靜、害羞而厚道，以致有許多事會隱忍著不吭氣，即使受了委屈也悶聲悶臉。湖口中學同學中有一個大眼睛女生常被別的同學責說：「愛講！」而卻因她的開朗、活潑倒是教了我許多事，她的名字是甘梅英。

曾經有一次同學陳幼蘭農忙時請假，我問：「她要割稻嗎？」心想初中女生需要下田割稻嗎？甘梅英說不但要割稻還要煮飯煮點心。我被教了許久才明白，原來農忙時要吃三頓飯和兩頓點心！早晨五、六點先大吃一頓乾飯，有魚有蛋有菜有湯。早飯不都是吃稀飯嗎？梅英教我：六點多鐘做到九點，插秧也好割稻也好，中間都不休息，幾碗稀飯會弄得人直上廁所，力道一些也不夠！當然要三碗乾飯下肚，而且盡量不摻番薯。菜脯蛋和煎鹹魚香滋滋吃下，幫手人才能有力氣做農事！九點以後有一頓點心吃，吃什麼？煎菜頭粄啦、甜粄圓湯啦、炒大麵啦、綠豆稀飯啦，有時也有鹹菜，也有鹹糜……然後十二點又吃正餐，下午三點再一頓點心，這三頓都是送到「田唇」（田邊）去，晚上則回田主人家吃晚餐，想想，大小五頓哩！洗洗切切煮煮送送再加清理碗筷，整個廚房要倒翻過來了！田裡幫手的連田主人家少少多多也得七、八人甚至十幾個！切菜都能把手酸斷掉哩！

而「熟米」、「生米」的知識好像也是梅英教我的？

雖是農家也有窮農富農，景況較不好的農家吃熟米，景況好些的吃生米，咦？米不煮麼？原來稻穀在收割後必須在曬穀場用太陽曝曬，以穀耙子翻動穀粒，曬乾儲藏。用礱磨去稻穀殼後的米叫「生米」，平時我們買到的米都屬生米。但以前佃農或窮些的農家會自儲一些米自己吃，他們會將穀子用大鍋隔火炆，等到穀子炆熟，再曬乾再礱磨去殼，這種叫「熟米」的米不論煮飯煮糜，量會變得比較多，當然就比較「省米」，「經吃」。

現在許多田都廢了。農民再儉省怕也不再有人吃熟米了，時代一步步地走，誰還吃三碗飯呢？怕胖的小姐不論城鄉都已「粒米不進」了！以前的那些日子都躲到哪處去了呢？

◆生活裡我吃糙米及雜糧已吃近三十年，白米只有外食時才會入口。是因為丈夫罹癌我們採用了健康食療，丈夫走了，吃糙米、雜糧的習慣留了下來。我喜歡用瓦斯煮飯，糙米先水泡一下，（這一下可以是半小時可以是隔夜）在瓦斯爐上中火滾一下，（這一下可以是兩分鐘可以是五分鐘）關火，鍋蓋悶著，（也是兩分五分的事）用飯鏟攪攪，再開火……再關火悶，然後小火焙，焙到有微焦味，再悶。如果嫌米粒硬，淋一點熱水再悶，全沒有現代性，全是自己胡胡混混的煮飯法。嫌麻煩就塞電鍋煮電鍋悶。還嫌麻煩不想燒煮愛亞吃了三十年的好滋味東西麼？你外食就好了啦！雜糧，就不教了。

二魚文化　文學花園　C081

味蕾唱歌

作　　者／愛亞
繪　　圖／王傑
責任編輯／劉晏瑜
美術設計／蔡文錦
副總編輯／黃秀慧

出 版 者／二魚文化事業有限公司
發 行 人／謝秀麗
地　　址／地址　106 臺北市文山區興隆路四段165巷61號6樓
網址　www.2-fishes.com
電話　(02) 29373288
傳真　(02) 22341388
郵政劃撥帳號　19625599
劃撥戶名　二魚文化事業有限公司

法律顧問／林鈺雄律師事務所
總 經 銷／大和書報圖書股份有限公司
電話 (02) 89902588
傳真 (02) 22901658

製版印刷／彩達印刷有限公司
初版一刷／二〇一二年四月
修訂一版三刷／二〇二一年八月
ISBN　978-986-6490-64-4
定　　價／二三〇元

題字篆印　李蕭錕

國家圖書館出版品預行編目(CIP)資料

味蕾唱歌 / 愛亞著. -- 初版. -- 臺北市
: 二魚文化, 2012.04
192 面；　公分. -- (文學花園 ; C081)
ISBN 978-986-6490-64-4(平裝)

1.飲食 2.文集

427.07　　101005670

二魚文化